CONSTITUTIO CRIMINALIS THERESIANA

Tafeln und erläuternde Texte

REPRINT – VERLAG
LEIPZIG

Der Reprint ist gegenüber dem Original auf etwa 85% verkleinert.
Mit freundlicher Genehmigung des Kupferstich-Kabinettes der Staatlichen Kunstsammlungen Dresden wurden dem Reprint beigegeben:

Porträt der Kaiserin Maria Theresia
Kupferstich von Kilian, Philipp Andreas (1714–1759)
nach Mytens (Meytens), Martin (1695–1770)

Gesamtansicht der Stadt Prag
Kupferstich von Pintz, Johann Georg (1697–1767/68?)
nach Werner (Wernher), Bernhard (1690–1778)

Prospekt der Stadt Wien vor dem Kärntner Tor
Kupferstich von Delsenbach, Johann Adam (1687–1765)

Volker Hennig, Goseberg 22-24, 37603 Holzminden
ISBN 3-8262-2002-1

Reprint der «Beylagen» aus *Constitutio Criminalis Theresiana*
der Originalausgabe von 1769 nach dem Exemplar des Verlagsarchives

Lektorat: Andreas Bäslack, Leipzig
Einbandgestaltung: Jens Röblitz, Leipzig
Gesamtfertigung: Westermann Druck Zwickau GmbH

Constitutio Criminalis Theresiana – ein Beitrag zur Überwindung der Folter

Die 1768/69 erlassene Peinliche Gerichtsordnung der österreichischen Kaiserin *Maria Theresia*, Constitutio Criminalis Theresiana, stellt im 18. Jahrhundert des Habsburgischen Vielvölkerstaates eine besondere und von tiefen Widersprüchen gekennzeichnete Leistung in der Strafrechtskodifikation dar. Denn diese Nemesis Theresianae gewann ihre Bedeutung nicht allein vor dem Hintergrund der herausragenden Politik *Maria Theresias* zur Festigung ihres komplizierten Staatsgefüges, sondern im Ansatz der prismatischen Brechung rechtsphilosophischer Ideen sowohl der christlichen als auch der aufklärerischen Naturrechtslehre. Während jene die feudale Gesellschaftsstruktur als gottgewollt zu konservieren trachtete, begründete und rechtfertigte diese antifeudales Verhalten in Widerspiegelung der ökonomischen Umwälzungsprozesse des Feudalismus.
Zur Zeit der Zuspitzung der ökonomischen und gesellschaftlichen Krise des Feudalismus verschärften sich die Angriffe gegen die Hauptinstitutionen des Feudalstaates, insbesondere gegen sein repressives Strafrecht. Die strafrechtlichen und strafprozessualen Grundsätze des aufstrebenden Bürgertums erhielten ihre Ausprägung und Konzeption im ‹nullum crimen, nulla poena sine lege›, damit war die Aufhebung der Tortur, das Abschaffen verstümmelnder Körperstrafen und Durchsetzen des Anklageprinzips, die Forderung nach Geschworenengerichten als auch nach Öffentlichkeit des Strafverfahrens verbunden.
Wenn die Theresiana als «das letzte hervorragende juristische Denkmal der feudalen Willkür» *(Hajdu)* bezeichnet wird, so ist dennoch nicht zu übersehen, daß sich in ihr naturrechtsgläubige und gesetzesillusionistische Tendenzen bürgerlicher Art im Ansatz nicht nur als Schein bourgeoiser Realität, sondern vor allem aus dem Primat des Eigentums offenbarten *(Haney)*.

Die Genesis dieser Strafrechtskodifikation kann hier nur im Groben nachgezeichnet werden.
Die Strafgesetzgebung *Joseph I.*, in dessen Regierungszeit von 1705 bis 1711 die Constitutio Criminalis Josephiana entstand, war bereits den Interessen einer dringend notwendigen gesamtstaatlichen Gesetzgebung, zumindest für einzelne Ländergruppen, geschuldet. Obwohl sie mit den Reform- und Erneuerungsplänen *Joseph I.* und der gesellschaftlichen Realität infolge ihrer feudalabsolutistischen juristischen Fesseln kollidierte, war sie doch von so allgemeinem Konservatismus und repressiv niederhaltend, daß sie auch während der Regierungszeit *Karl VI.* von 1711 bis 1740 in einer Zeit in Kraft blieb, wo merkantile Bestrebungen besondere Förderung erfuhren und Österreichs Aufstieg zur Großmacht durch den Ausbau des Absolutismus Gewicht erhielt, die bürokratische Zentralisierung und die Modernisierung des multinationalen Staates unter dem Druck des Bürgertums und der Bauern gestellt wurde.
Radikal wandelte sich die Situation des Habsburger Reiches mit der Erstarkung Preußens und dem Angriff auf wesentliche Gebiete, insbesondere Schlesien. Erzherzogin *Maria Theresia* (geb. 13.5.1717, gest. 29.11.1780) war durch die pragmatische Sanktion der europäischen Fürsten seit 1740 Königin von Ungarn und Böhmen. Sie hatte 1736 *Franz Stephan von Lothringen* (1708 bis 1765) geheiratet, der 1745 als *Franz I.* Kaiser wurde. Als Erbin des komplizierten Habsburger Reiches behauptete sie sich 1740 bis 1748 im Erbfolgekrieg, verlor aber in den beiden Schlesischen Kriegen (1740/42 und 1744/45) die reichen und ökonomisch entwickeltsten Provinzen an Preußen. Innenpolitisch betrieb *Maria Theresia* die Festigung ihrer absolutistischen Staatsmacht durch vorsichtige Reformen. So versuchte sie auch mit einer umfassenden Strafgesetzgebung eine Angleichung an unumgängliche Forderungen.
Unter *Maria Theresias* Regierung von 1740 bis 1780 vollzog sich auf der Grundlage philosophischer Einflüsse der Aufklärung die Aufnahme des Naturrechts in das Juristische Studium und auch die stärkere Hinwendung zu den Naturwissenschaften, z.B. zur Obduktion und zur klinischen Praxis. Die Forderungen nach Rechtsgleichheit, philosophisch und religiös von der gottgewollten Gleichheit fundiert, wurden durch das mehr und mehr erstarkende Bürgertum erhoben. Im Jahre 1753 wurde der im Sinne der Aufklärung für Reformen aufgeschlossene, die Wissenschaften, den Handel und die Künste fördernde *Wenzel Anton von Rietberg-Kaunitz* (1711 bis 1794) als Hof- und Staatskanzler berufen, der die Außenpolitik und später auch die Innenpolitik wesentlich lenkte. Als Finanz- und Verwaltungsfachmann wirkte *Friedrich Wiibelm von Haugwitz* (1702 bis 1765), Sohn eines in den böhmischen Grafenstand erhobenen sächsischen Generals, der an der Spitze der schlesischen Landesverwaltung theoretisch und praktisch das Modell der späteren inneren Staatsreform verwirklicht hatte, unter dramatischen Auseinandersetzungen auf eine innere Neuordnung der Administration. Es war das Bestreben von *Haugwitz*, die Einkünfte und Machtmittel in der Hand des absoluten Herrschers und seiner Zentralregierung zu vereinigen, Adel und Geistlichkeit zu besteuern, die Heeresaufbringung und -versorgung zu koordinieren und zu zentralisieren sowie in den einzelnen Ländern eine von Wien straff gelenkte politische und Finanzadministration mit Kreisverwaltungen zu errichten *(Berglar)*. Mit der Einsetzung einer ‹obersten Justizstelle›, welche die Aufgaben eines höchsten Gerichtshofes wahrnahm und zugleich den Kern eines Justizministeriums bildete, wurden entscheidende Schritte zur Trennung von Administration und Justiz und damit zum bürgerlichen, auf Gewaltenteilung beruhenden Rechtsstaat unternommen. Die böhmischen und österreichischen Landesverwaltungen wurden vereinigt, um die wachsenden ökonomischen und administrativen

Aufgaben zu bewältigen. Es bedurfte eines juristisch geschulten Beamtenapparates, so daß der Reform der juristischen Ausbildung 1754 und der Justizreform Gewicht beizumessen war. Im Jahre 1752 begann die neue Kodifizierung des Zivilrechts, die zwar 1766 abgeschlossen und als Codex Theresianus vorgelegt wurde, aber ebensowenig wie der Entwurf einer Allgemeinen Gerichtsordnung die Billigung der Stände erfuhr. (Erst unter *Joseph II.* [1741 bis 1790] wurden die Kodifikationen zum Abschluß gebracht).

Der staatsrechtliche Umbruch schuf aus den deutschen Erblanden und den Ländern der böhmischen Krone einen Einheitsstaat.

Ungarn wurde in diesen Umbau nicht mit einbezogen und behielt die althergebrachte Verfassung (Corpus Juris Hungarici seu Decretum generale von *Stephano de Werbocz* 1646). Es genoß eine gewisse Unabhängigkeit, hatte eine gesonderte Administration und die Habsburger Monarchie tolerierte die alten Rechtsnormen *(Katona)*.

Zwei Kompilationshofkommissionen war die Aufgabe gestellt, für die Alpenländer und für Böhmen das Strafrecht, Strafverfahrensrecht und das Zivilrecht einheitlich zu regeln. Für die Juristen, insbesondere den Rektor der Universität Wien, *Joseph Ferdinand Holger*, war ein erhebliches Auseinandersetzungsfeld erwachsen, das zu Kompromissen führte. Auf jeden Fall hatte die Kommission das in den einzelnen Ländern geltende, sich erheblich unterscheidende und auf verschiedene Quellen zurückgehende Recht festzustellen. Daraus entwickelte sich nicht nur eine kompilierende, sondern vor allem auch rechtsvergleichende Arbeit, sowohl hinsichtlich der Gesetze als auch ihrer Anwendung. Übrigens sind diesem Studium der Rechtspraxis auch die vergleichenden Beilagen der Theresiana zu verdanken.

Nach fast dreijähriger Tätigkeit wurden 1756 beide Kompilationskommissionen zu einer einzigen Gesetzgebungskommission unter Vorsitz von *Michael Johann Graf Althann* vereinigt. Aber der siebenjährige Krieg (1756 bis 1763), in dem es Österreich nicht gelang, in der Auseinandersetzung mit Preußen, Schlesien zurückzugewinnen, führte zur Krise und ließ die Gesetzgebungsarbeiten stagnieren.

Nach dem Tode von *Kaiser Franz I.* wurde *Maria Theresias* Sohn Joseph Mitregent. Er drängte auf Reformen im Sinne der Aufklärung, aber die Landstände retardierten.

Obwohl 1766 die kriminalrechtlichen Kodifizierungsarbeiten im wesentlichen abgeschlossen waren, gab es so viele Einwände, daß erst am 31. Dezember 1768 das Gesetz in Kraft gesetzt werden konnte. Das sehr umfängliche, in den Formulierungen unklare, zum Teil auch widersprüchliche, den Kompromissen geschuldete Straf- und Strafverfahrensrecht, war im Grunde eine Waffe der feudalen herrschenden Klasse geblieben, um Bauern- und Bürgertum abzuschrecken und im Zaum zu halten sowie die nationale Unterdrückung fortzusetzen. Andererseits war es hinsichtlich der Vereinheitlichung für die weitere gesellschaftliche Entwicklung förderlich. Da es aber instruktive Ziele verfolgte, war es mit seinen 2 Teilen, 407 Artikeln und einer erheblichen Anzahl subordinierter Paragraphen sowie den Beilagen schwer handhabbar. Zwar auferlegte die Theresiana deklaratorisch ein allgemeines Inquisitionsverbot, aber sie entbehrte nicht harter und grausamer Strafen, und vor allem nicht der Folter als Mittel der Geständniserlangung. Auch sah sie körperliche Strafen, wie öffentliches Ausprügeln vor, ebenso das Brandmarken, und zwar auf den Rücken mit ‹R› und dem Anfangsbuchstaben des Erblandes (Art. 6 § 4); Verstümmelungen als Hand- und Fingerabhauung zur Verstärkung der Todesstrafe (Art. 6 § 5); Karbatsch- (aus Riemen geflochtene Peitsche) und Stockhiebe, wenn der Inquisit im gerichtlichen Verhör nicht antworten will und zur Bezwingung und Bändigung (Art. 6 § 6). Durchgängig war die legale Beweistheorie beschrieben, aber in Ansätzen wurde bereits die Sachbeweisung hervorgehoben und der Erhebung des Corpus delikti Aufmerksamkeit geschenkt, was in der Beilage zum Artikel 26 § 17 augenfällig wird. Daß Instruktionen medizinischer Art in einem Gesetz Platz haben, war neuartig und außergewöhnlich. Bei gewaltsamer Tötung oder Verwundung, insbesondere bei Totschlag, Vergiftung und Kindestötung ist minutiös verzeichnet, welche Erhebungen durch Leib- und Wundärzte und in Ausnahmefällen durch Bader vorzunehmen und auf Beschau- und Wundzettel zu dokumentieren sind. Die Sektion hat nach den ‹Regeln der Zergliederungs- und Wundarzneykunst› zu geschehen, wie überhaupt alle Erhebungen im Beisein des Gerichts verläßlich, gewissenhaft, unparteiisch demonstrativ und nicht präsumtiv zu erfolgen haben. Obergutachten sind durch die medizinische Fakultät beizuziehen. Im Zusammenhang mit Vergiftungen taucht der Begriff «Spuren» auf. Der Instruktion wird im Gesetz eine nützliche Anmerkung beigegeben, was die Beschauzettel zu beinhalten haben, die bei der Besichtigung von Verunglückten oder Verletzten anzufertigen sind, z. B. welcher Kategorie die Wunden (geringe, gefährliche, tödliche) zuzuordnen sind und mit welchem Instrument sie beigebracht wurden.

Im Gesetz wird die feste Tatbestandsbeschreibung bevorzugt. Mit Rücksicht auf klerikale Widerstände sind auch Religionsdelikte (Gotteslästerung, Apostasie, Wahrsagerei) sowie Zauberei und Hexerei aufgenommen, obwohl seit 1766 ein allgemeines Verbot für Hexenprozesse bestand. Die Kaiserin hatte nach ihrem Regierungsantritt ohnehin befohlen, ihr jeden Hexenprozess zu melden und zur Entscheidung vorzulegen. Todesurteile wurden bei diesen Unterstellungen seit 1740 nicht mehr vollzogen.

Auch die Selbsttötung (Art. 93) wurde unter Strafe gestellt. Als neu und bedeutsam galt die Regelung zur Bestrafung jener, «die Privat oder eigenmächtige Gefängniße halten» (Art. 70), womit der dezentralisierten und willkürlichen, insbesondere gutsherrlichen Justiz- und Strafvollzugspraxis entgegengewirkt wurde. Die Er-

mittlung diente der Abschreckung «damit die Frommen in Sicherheit, die Bösen in Furcht der Nachstellung, und Straffe erhalten, das Land auch von schädlichen Leuten gereiniget werde» (Art. 25 § 2). Das genaue und instruktive Regeln der peinlichen Frage diente der Beschneidung von örtlichen Übergriffen. «Die peinliche Frage ist ein rechtliches Zwangmittel, um einen laugnenden Uebelthäter, welcher der verübten That halber stark beschweret ist, in Abgang eines vollständigen Beweises zur Bekanntniß zu bringen, oder allenfalls denselben von dem ihme zu Last fallenden Verdacht, und Innzüchten zu reinigen.» (Art. 38 § 1).
Der Rekurs ist in der Theresiana ausdrücklich betont, womit Beschwerden, Einsprüchen und Berufungen sowie dem Ausschluß eines Richters oder der Zusammenstellung des Urteilssenats begrenzter Raum gegeben wurde. «In peinlichen Sachen hat zwar die Appellation nicht statt, doch wollen Wir den Verurtheilten den Recurs an Uns nicht verschränket haben.» (Art. 42 § 1).
Allerdings wurden Verteidigungsrechte während der Untersuchung nicht eingeräumt. «Währender Inquisition dem Gefangenen kein Defensor, Vertheidiger, oder Beyständer zuzugeben, immassen die öftere Erfahrenheit gelehret, daß hierdurch die Uebelthäter nur auf Ausflüchten unterrichtet, zum hartnäckigen Laugnen gestärket, und also vor der Zeit die ganze Inquisition verwirret worden.» (Art. 36 § 5).
In der Theresiana gelang es nicht, das Recht gegen Moral und Religion als notwendiges Moment des Emanzipationsprozesses des Bürgertums von feudalabsolutistischer Staatsgewalt abzublocken. Zurecht verweist *Klenner* auf *Christian Thomasius* (1655 bis 1728), der in seiner ‹Dissertatio de tortura› von 1705 jedwede Folterung mit dem tiefgründigen Argument für naturrechtswidrig erklärt hat, daß die durch die Constitutio Criminalis Carolina legalisierte Marterung des Angeklagten (Art. 58: Die peinliche Frage soll nach dem Ermessen eines guten, vernünftigen Richters viel, oft oder wenig, hart oder milder gestellt werden) allen Tyrannen als wirksames Mittel dient, unter dem höchsten Schein der Gerechtigkeit gegen ihre Untertanen zu wüten. Die peinliche Frage konnte auch nach der Theresiana zwecks Bekenntnis immer gestellt werden.
Thomasius, als konsequentester Gegner der Folter, hob auch die Ungerechtigkeit hervor, weil die «Folter ein Untersuchungsmittel für ein Verbrechen ist, über dessen Täter bisher noch Zweifel und Ungewissheit bestehen. Eben sicher ist aber andererseits, daß die unglücklich Angeschuldigten, von denen noch nicht feststeht, ob sie schuldig oder unschuldig sind, bei jeder Folterausübung ganz gewissen unzweifelhaften Martern unterworfen werden. Daher ist sie vielmehr eine Strafe für ein ungewisses Verbrechen, als ein Mittel zur Erforschung der Wahrheit, weil jede Marter des Körpers, auch wenn sie vor dem Urteil zugefügt wird, eine Strafe ist, aber jede Strafe setzt – wenn sie gerecht sein soll – einen überführten Angeschuldigten oder ein tatsächliches Verbrechen voraus, zu dessen Ahndung sie auferlegt werden muß». All dies blieb für die Theresiana unberücksichtigt. Deshalb muß hier auf ihren realpolitischen Aspekt und ihre Zielsetzung hingewiesen werden.
Die Reformmaßnahmen in der Rechtspflege sollten die staatliche Zentralgewalt stärken, die Einheit der Länder fördern und die erdrückende Lage der Bauern erleichtern. Der grundherrschaftliche politisch-wirtschaftliche Mikrokosmos mit der Patrimonialgerichtsbarkeit war eine Art ‹Staat im Staate› *(Ogris)*. Der Grundherr war für den Bauern, der personenrechtlich in Bezug auf seine persönliche Handlungsfreiheit, dinglich-sachenrechtlich in Bezug auf sein Besitzrecht an Grund und Boden, politisch-öffentlich-rechtlich hinsichtlich der Gerichts-, Verwaltungs- und Polizeigewalt von ihm völlig abhängig war, Gerichts-, Polizei- und Verwaltungsbehörde. Persönliche Freizügigkeit, freie Berufswahl und freie Eheschließung stand dem Bauern nicht zu. Verschiedenartigste Abgaben, Dienstleistungen (Zehnten, Geld- und Naturalzinsen, Sterbefall- und Heiratsabgaben) hatte er ebenso zu erbringen, wie Treue, Gehorsam und Ehrungen gegenüber seinem Herrn. Der Untertan war dem unmittelbaren Zugriff, aber auch dem unmittelbaren Schutz der Staatsgewalt entzogen. Die Theresiana zielte darauf, diese meditären Gewalten abzubauen, um eine einheitliche gleichförmige Masse von Untertanen zu schaffen. *(Ogris) Maria Theresia* versuchte, besonders nach dem Bauernaufstand 1775 in Böhmen, die Fronbelastungen der Bauern gegen den Widerstand des Adels und der Grundbesitzer zu mindern und durch Geldabgaben abzulösen. In diesem Zusammenhang muß auch die Abschaffung der Folter 1776 in den österreichischen Erblanden, also acht Jahre nach Inkrafttreten der Theresiana, gesehen werden.
Bei der Entwicklung des Gesamtstaatsgedankens kam einer gemeinsamen Rechtsordnung verbindende, bewahrende und gleichmachende Kraft von ungeheurer Bedeutung zu. *(Ogris)* Es nimmt daher auch nicht Wunder, daß die Kriminalkodifikation im Unterschied zum Zivilrecht erfolgreicher verlief. Trotz des Widerstandes des Adels und mancher Räte – sicher aus divergierenden Gründen – mußte die Theresiana nach zwei Jahren sanktioniert werden. Aber die massive Kritik von *Kaunitz* und anderen Mitgliedern des Staatsrates bewog *Maria Theresia*, die weitere Verbreitung des Gesetzes nach der Sanktionierung zunächst zu untersagen. Erst nachdem *Kaunitz* seine Einwände zurückgezogen hatte, wurde die Theresiana am 25. Februar 1769 neuerlich kundgemacht. Sie galt in allen Ländern der Monarchie mit Ausnahme von Ungarn und stellte daher, zum erstenmal in der Geschichte der Monarchie Austriaca, die formelle Rechtseinheit auf einem umfassenden Rechtsgebiet, nämlich dem Straf- und Strafprozessrecht, her. *(Ogris)*
Die Verzögerung war sicher auch durch *Joseph II.* initiiert, der mit der Theresiana in Vielem nicht einverstanden war. Erwähnenswert ist in diesem Zusammenhang das kameralwissenschaftliche Wirken von *Joseph von Sonnenfels* (1733 bis 1817) und die Polizeireform im Sinne seiner «Grundsätze der Polizei- und Handlungswissenschaft»

(1765 bis 69). Er lehnt später z.B. die Anwendung des Spitzelsystems nach dem Muster der Pariser Polizei als der bürgerlichen Freiheit widersprechend ab und Beethoven widmete ihm die Sonate D-Dur op. 28.
Man sollte aber das Wirken *Joseph II.* in dieser Hinsicht auch nicht überschätzen, denn er schaffte später zwar die Todesstrafe ab, führte jedoch inhumane schwere Strafen (z.B. das Schiffziehen, was eine normale physische Konstitution nur etwa 2 Jahre aushielt) entsprechend seiner Auffassung ein, daß bestimmte Verbrecher den Tod im Leben mehrfach erleiden sollten.
Der Anachronismus der Theresiana liegt einerseits darin, daß sie in der Zeit der Aufklärung reaktionär war, andererseits aber in einzelnen Bestimmungen neuartig, modern und im gewissen Sinne sogar progressiv. *(Katona)* Nach fast zwei Dezennien Gesetzeskraft wurde die Theresiana im Jahre 1787 durch das «Allgemeine Gesetzbuch über Verbrechen und deren Bestrafung» im Zuge der durch *Joseph II.* seit 1780 als Alleinherrscher eingeleiteten Rechts- und Justizreformen sowie der Aufhebung der gutsherrlichen Polizeigewalt ersetzt.
Durch die fünf Beilagen zur Theresiana wird das Gesetz auf sehr anschauliche Weise ergänzt.

1. Vierteljährliche Berichterstattung auf einem «Vordruck» über Anzahl der Strafverfahren, Namen und Alter der Verbrecher, den Stand der Ermittlungen, die Vorstrafen und das Urteil.
2. Instruktion über die Befunderhebung bei Tötungsdelikten und Körperverletzungen sowie die Protokollierung. Diese Instruktion gibt einen Einblick in die Aufnahme von Beweisgegenständen und Sachbeweisen sowie Spuren, in die Anforderungen an die Wundärzte und in den Stand der Anwendung medizinischer Kenntnisse in der damaligen Rechtspraxis, sowie in die Herausbildung der Gerichtsmedizin.
3. «Abschilder- und Beschreibung» der Folter in Prag.
4. «Abschilderung und Erklärung» der Folter in Wien.
5. Strafprozessuale Vorschriften sowie administrative Regelungen über die Strafvollstreckung, insbesondere die Arten der Todesstrafen, die Freiheitsstrafen und körperlichen Einwirkungen, sowie auch die Brandmarkung, desweiteren den Vollzug der «bedrohlichen und wirklich scharfen Frage» und dem Verhalten bei Geständnis und bei Widerspruch.

Den Abschluß bildet die personelle Aufführung der Hofkommission mit dem Vorsitzenden, *Graf v. Althann*, und den 12 Beisitzern, die dieses Strafgesetzbuch ausarbeitete.
Unter diesen Beilagen nehmen diejenigen zur Folter als Teil der Spezialinquisition einen herausragenden Platz ein. Deshalb sollen sie ausführlicher vorgestellt werden.
Zu den Folgen der richterlichen Verhängung der Spezialinquisition gehörte nicht nur die schwerwiegende Bezeichnung des Beschuldigten als Inquisit und das diskriminierende Dutzen, sondern vor allem die legale Androhung bzw. Vollstreckung der Folter als physische und seelische Peinigung und völlige Entwürdigung des Menschen. Die Folter war prozessuales Hilfsmittel, um in der Spezialinquisition die Urteilsgrundlagen zu schaffen. Es handelte sich nicht etwa um eine Strafmaßnahme, sondern um die gewaltsame Aussageerzwingung. Ein Verhör mittels Folter (peinlicher oder scharfer Frage) diente zur Geständniserzwingung oder zur Zeugnisbestätigung.
Die Hauptarten der Folter bestanden

- im Zusammenpressen einzelner Gliedmaßen, insbesondere der Daumen und der Unterschenkel,
- in der Zusammenschnürung des Körpers oder einzelner Teile,
- im Auseinanderrenken der Gliedmaßen auf einer Leiter oder durch Aufziehen nach der Decke und
- im Berühren des Körpers mit brennenden Fackeln.

Mehrere dieser Anwendungen körperlicher Schmerzen wurden auch gleichzeitig vorgenommen. Dabei wurden vom Richter in der Regel dreimal die peinlichen Fragen gestellt und die Antworten vom Gerichtsschreiber aufgezeichnet bis das Geständnis (Confessio, Bekenntnis) erreicht war. *Heils* beschreibt noch andere Folterarten z.B. das Haarseil, das durch die Körperteile (z.B. Geschlechtsorgane) gezogen wurde; den Lüneburger Stuhl (hölzerner Lehnstuhl oder lange Bank mit bespickten Nägeln); die spanischen Stiefel (Beinstöcke, Beinschrauben verschiedenster Art). Nach allgemeinem Gebrauch war der Richter ungebunden und die Folterungsart im Detail nicht geregelt. Nach persönlicher Einstellung zum Delikt, zum Inquisiten und nach Temperament konnte er sie verschärfen z.B. beim Hochziehen wippen, schnellen oder prellen lassen. Der solcherart gequälte Mensch konnte in seiner tiefsten Not nicht einmal schreien, denn um das zu verhindern, wurde ihm die sog. Folterbirne, eine eiserne mechanische Vorrichtung zur Spreizung des Ober- und Unterkiefers, in die Mundhöhle gepreßt. Dieses Eisen im Mund konnte der Freimann mehr oder weniger stark durch Auf- oder Zuschrauben im Volumen verändern und als zusätzliche Peinigung einsetzen. Die Ausgestaltung der Folterverfahren war ebenso uneinheitlich wie die Folterinstrumente und ihre Bezeichnungen. Im Gegensatz zur Auffassung von *Schmidt* konnte *Lieberwirth* nachweisen, daß die Folter vom römischen Recht und von der römischen Rechtspraxis zumindest in der mittelalterlichen europäischen Einflußsphäre rezipiert wurde.
Die Ordalia (Gottesurteile) als magische Verfahren zur Feststellung der Wahrheit wurden durch Aussagen, die erzwungen werden konnten, ersetzt, zudem galt das durch Marterung erpresste Geständnis als Versöhnung des Täters mit der Gesellschaft *(Schild)*.
Das erfolterte Geständnis war Wahrheitserforschungsmittel (media erundae veritatis), im eigentlichen Sinne

Schulderforschungsmittel. Da nur der Aussage zweier klassischer Zeugen und dem Geständnis die Kraft eines vollen Beweises zuerkannt wurde, war – weil Verbrechen nur selten in Gegenwart unbeteiligter Zeugen verübt werden – die Geständniserlangung das Hauptziel.

Außer der Folter als barbarisches legales Mittel, um den Leugnenden oder Nichtgeständigen durch unerträgliche körperliche Peinigungen zum Geständnis zu zwingen, kannte das Strafrecht nur die Konfrontation mit Zeugen oder Mitschuldigen, die Territion und den Reinigungseid. Auch die Territion diente als Schulderforschungsmittel durch Drohung mit der Folter. Man machte damit dem Inquisiten glauben, daß er gefoltert werden würde, und führte ihn in die ‹Marterkammer›, wo sich Richter und Henker mit den Folterwerkzeugen befanden. Der Inquisit wurde eindringlich ermahnt, ein Bekenntnis abzulegen, andernfalls sofort die Folter angewendet werden würde (Verbalterrition). Es wurde die Täuschung fortgesetzt, der Inquisit vom Henker entkleidet, ihm der ‹Marterkittel› übergezogen, zur Leiter geführt, mit Daumenschrauben versehen (Realterrition) und ihm ständig als ‹armen Sünder› zugesetzt zu bekennen. *P. J. A. Feuerbach* nannte die Territion einen des Richteramtes unwürdigen, durch die Gerichtspraxis gegen das Gesetz eingeführten Betrug. Folter, Territion und Reinigungseid widersprachen der Gerechtigkeit und Vernunft. Speziell *Thomasius* richtete sich gegen die Folter, aber nicht gegen das geltende Beweissystem. Er berief sich auf *Friedrich Spee* (Cautio Criminalis), *Johann Grevius* (Tribunal reformatum) und *Justus Oldekop* (Cautela criminales). Mit der Überwindung der formalen Beweistheorie, der Einführung der Mündlichkeit und des Schwurgerichts war die Erlangung des Geständnisses nicht mehr das Hauptziel der Untersuchung, vor allem als dem Augenschein und den Spuren des Verbrechens (delicta facti permanentis) Aufmerksamkeit geschenkt wurde. Durch die Abschaffung der Folter wurde dem Inquisitionsprozess ein Gewaltmittel genommen, er selbst aber blieb bestehen. Immerhin hat noch die preußische Criminalordnung von 1805, die das Foltern eigentlich verbot, im § 296 gestattet, den leugnenden Angeschuldigten durch Peitschenhiebe zum Geständnis zu motivieren.

In der Theresiana wird eine Begrenzung und Unifizierung dieses Aussageerpressungsmittels im Artikel 38 vorgenommen, die mit ausgeprägten Erkundigungen, ob die Tat wirklich geschehen ist und mit der Erhebung des Corpus delicti korrespondiert. (Art 26) Das war schon ein Schritt zur Abschaffung der Folter und des Eintrittes der Sachbeweise in das Strafverfahren. Im Artikel 38 § 17 heißt es hinsichtlich der Peinigungsarten oder Gradus Torturae, daß zur Unterdrückung aller willkürlichen oder fremden ‹Torquierungsarten› hierdurch gesetzlich geregelt werde, «daß die Tortur in unseren königlichen Böhmischen Erblanden auf Art und Weise wie sie derzeit in der Hauptstadt Prag üblich und wovon die Beschreibung sub Nro. 3tio beygerucket ist»; in den Österreichischen Erblanden aber «auf Art und Weise wie solche in unser Residenz-Stadt Wien in Übung ist und sub Nro. 4to sich beygefügter befindet, für allgemein gebrauchet werden wollte.»

Aus der Beschreibung im Gesetz ist zu erkennen, daß die Tortur in den böhmischen Ländern
1. in den Daumenstöcken oder -schrauben mit oder ohne Schlag auf den Daumenstock,
2. in der Bindung oder Schnürung von vorwärts, d. h. von den Handgelenken aus,
3. mit Aufspannung und Reckung des Körpers auf der Leiter,
4. durch Anwendung des Feuers gegen den auf der Leiter aufgespannten Körper bestand

und in den österreichischen Ländern
1. in den Daumenschrauben mit oder ohne Anklopfung,
2. in der Bindung oder Schnürung von rückwärts mit einem oder mehreren, höchstens drei abgesetzten Bändern,
3. im trockenen Aufzug in die Luft mit einem oder mehreren höchstens drei Absätzen, dann Anhängung der Gewichte beim 2. und 3. Absatz vorzunehmen war.

Obgleich auch die Beinschrauben oder spanischen Stiefel gebräuchlich und zur Peinigung beizubehalten waren (Art. 38 § 18), so sollten aber diese Schraubstiefel nicht als ein besonderer Grad, sondern nur anstelle eines anderen Marterinstrumentes (»da nämlich bey den Mannsbildern entweder der Daumstock, oder die Schnürung, oder die Folter gestalten Dingen nach mit dem Inquisiten nicht wohl vorzunehmen wäre») nach Befund des Richters gebraucht werden. «Wobei Wir ernstgemessen befehlen, daß jenen Falls, da Jemand durch alle Grad der Tortur zu peinigen ist, über erstbemeldte Marterarten nicht sollte, noch könne weiter geschritten werden.» (Art. 38 § 17).

Ausgenommen von der Tortur sind gem. Art. 38 § 11 ausdrücklich folgende Personen:
- Geisteskranke und Taubstumme
- Kinder unter 14 Jahren, mit Ausnahme einiger Rutenstreiche, «es seye dann, daß die Bosheit das Alter übertreffe»,
- Personen über 60 Jahre, soweit sie die Tortur nicht überstehen,
- Gebrechliche, gefährlich Verwundete oder sonst Kranke, die sterben könnten,
- Schwangere, Wöchnerinnen,
- höhere Standespersonen, Personen mit hohen Ehrungen und Würden, Räte, Doktoren, Geadelte, außer bei Beleidigung der göttlichen und weltlichen Majestät, des Landesverrates und anderer überschwerer Verbrechen.

Die Rechtsgeschichte konnte bisher keine solchen authentischen, deteailgetreuen «gräßlich-schönen Kupfertafeln als penible Gebrauchsanweisung zur sachgerechten territio realis» *(Klenner)* in anderen Gesetzessammlungen nachweisen.

Die peinlich genauen Kupferstiche zeigen einerseits die dokumentarische Zuverlässigkeit und offensichtlich die Herkunft aus einer privilegierten Werkstatt, wo der Stecher oder falls Zeichner und Stecher nicht ein und dieselbe Person waren, beide bei Folterungen ihre Anschauungsstudien machten, andererseits aber auch eine gewisse Unbeholfenheit des Stechers, der zwar exakt, aber durch stereotype Anordnung auf die generalisierte Figurengestaltung und z.T. Austauschbarkeit der Figuren verweist. Die Kupferstiche damaliger Zeit in dem Lehrbuch der Chirurgie von *Lorenz Heister* (1683 bis 1758) «Chirurgie, in welcher alles, was zur Wund-Artzney gehöret nach der neuesten und besten Art gründlich abgehandelt, und in vielen Kupffer-Tafeln...» Nürnberg 1719. 4°. Mit Frontispiz und 22 Tafeln. 11 Bl., 753 S., 11 Bl. (Reprint des Zentralantiquariats der DDR, Leipzig 1984) lassen auf erhebliche Analogie in der Art der Darstellung, figürlichen Anordnung, Stellung und Haltung der Personen, Kleidung, Haartracht, Schattenwurf, Bezeichnung der Personen und Gegenstände schließen, so daß man geneigt sein könnte, auf eine gleiche Werkstatt hinzuweisen. Der medizinische Bezug wird überdies durch Bemerkungen zu Verletzungsmöglichkeiten und Körperschädigungen deutlich. Die technische Genauigkeit der barock-künstlerisch verzierten Werkzeuge im Maßstab Wiener Zoll bzw. Schuh und niederösterr. Elle, sowie die exakte Beschreibung, die Abbildung in verschiedenen Ebenen hatte den Nachbau zum Zweck. Es wird auch sorgfältig angegeben, wie die Daumen einzulegen sind und die Schnürung erfolgen muß, um unbeabsichtigten Verletzungen und Lähmungen vorzubeugen. Auch die Muskelgruppen sind anatomisch genau angegeben, so z.B. hinsichtlich der Brennungen, die 10–11mal ‹lateral pectoris bis ilia› zu wiederholen waren. Kleidung, Haltung und Mimik der Personen, insbesondere der Gesichtsausdruck der Inquisiten, entsprechen der Peinigung. (Bei dieser Perfektion wird dem Leser nicht entgehen, daß in Abbildung XXIV die Fuß- und Strickführung im Widerspruch zur vorhergehenden Abbildung steht.) Gesondert wird die Beinschraube als nur in Ausnahmen zu verwendendes Instrument, das schwere z.T. irreparable körperliche Schäden (Gehbehinderungen, Amputationen) nachzog, in großformatiger technischer Zeichnung von außen und innen, für das rechte und linke Bein wiedergegeben. Die 30 Tafeln entstanden in handwerklich aufwendigen vor allem drucktechnisch mehrteiligen Fertigungsphasen, denn außer den für den Hochdruck der längs und quer gesetzten Schriften, der Signaturen und des Rahmens notwendigen Druckformen mußten die Kupferstiche – abgestimmt mit dem Satz der Druckplatten – im Tiefdruck auf jedem einzelnen Blatt umgesetzt werden.
Der Betrachter kann sich am Ergebnis überzeugen, in welch hoher Qualität diese Arbeitsprozesse in einer Wiener Druckerei erfüllt wurden.
Den Widerspruch, der einerseits in der Verengung der Anwendung der Folter, der Beschränkung der Übergriffe und der Vereinheitlichung sowie anderseits überhaupt in diesen inhumanen Empfehlungen liegt, hat *Maasburg* empfunden und dazu kritisch vermerkt, daß die Theresiana «die ganze scharfrichterliche Manipulation in Kupfern vorgestellt und solche einer gedruckten Criminal-Ordnung einverleibt hat, dessen Blatt den verehrungswürdigen Namen ihrer Majestät enthält». Zur damaligen Zeit war die Folter als Rechtsinstitution schon nicht mehr fest im Strafverfahren verankert, denn die Forderung nach Abschaffung der Folter war in Europa während der Zeit der Aufklärung nachhaltig erhoben worden. Im deutschen Bereich hatte der ‹Vater der deutschen Aufklärung›, *Christian Thomasius*, mit seiner ‹Dissertatio› die Beseitigung der Folter eingeleitet.
Die Lehre von den natürlichen Rechten des Menschen auf Leben, Freiheit und Gleichheit (*Milton*, *Locke* u.a.) führte im 17. Jahrhundert zu prinzipiellen Einwänden gegen das Übel der Folter. Mutige und überragende Vorkämpfer gegen die Folter waren in Deutschland *Thomasius*, in Frankreich *F.M.Voltaire* (1694 bis 1778), *C.Montesquieu* (1689 bis 1755) und in Italien *C.Beccaria* (1738 bis 1794). In Schweden wurde die Folter 1734 abgeschafft. Als erster Monarch in Deutschland beschränkte *Friedrich II.* mit seinem Regierungsantritt 1740 für Preußen die Folter und verbot sie 1754. In Kursachsen wurde sie zwischen 1770 und 1780 und in Bayern 1804 beseitigt. Aber es währte fast 100 Jahre bis Baden als letzter deutscher Staat 1831 nachzog *(Gericke)*.
Die Abkehr von der Folter war ein komplizierter Prozess und kein abrupt vollzogener Akt. Neue Beweismittel mußten das erzwungene Geständnis ersetzen und dies war die eigentliche Geburtszeit untersuchungskundlicher und später kriminalistischer Verfahren. Schon 1789 verfaßte *Johann Christian Quistorp* (1737 bis 1795), Prof. der Rechte in Bützow und Rat des schwedischen Tribunals in Wismar, einen «Versuch einer Anweisung für Richter beim Verfahren in Criminal- und Strafsachen ... in Ländern, wo die Tortur abgeschafft worden».
Insofern sehen wir die Berechtigung, den Leser in der Reihe von Literatur über historische Kriminalistik mit diesen Beilagen zur Theresiana als kulturhistorische Zeugnisse einmaliger Art bekannt zu machen.
Vor allem aber sei darauf hingewiesen, daß in einer Zeit des weltweiten Protestes gegenüber der Entwürdigung des Menschen, insbesondere seiner physischen und psychischen Integrität, diese Zeilen und Kupferstiche aus historischem Bezug ein Anstoß sein sollen, sich stets der gesellschaftlichen und humanitären Verantwortung bewußt zu sein.
An dieser bedrückenden bildhaften Darstellung wird deutlich, daß für Folterzwecke neueste Techniken und Mittel, z.T. mit erheblichem Aufwand an mechanischen Instrumentarien, eingesetzt wurden – bis in die Gegenwart unter Mißbrauch physikalischer, chemischer, medizinischer, pharmakologischer Kenntnisse und Entwicklungen. In jüngerer Zeit wurde die Folter durch die Vereinten Nationen zum ersten Mal in der Allgemei-

nen Resolution der Menschenrechte vom 10. Dezember 1948 geächtet. Der Beitrag des Internationalen Komitees vom Roten Kreuz zur Bekämpfung der Folter liegt im Bereich bewaffneter Konflikte (Genfer Abkommen von 1949). In die Menschenrechtskonventionen von 1966 wurde das Verbot der Folter übernommen. Die Generalversammlung der Vereinten Nationen befaßte sich auf Druck internationaler Organisationen seitdem mehrfach mit der Entwürdigung des Menschen durch Folter und verabschiedete am 9. Dezember 1975 die Resolution 3452 über den Schutz aller Personen vor Folter (‹Declaration on the Protection of All Persons from Being Subjected to Torture and Other Cruel, Inhuman or Degrading Treatment›). Im Artikel 12 dieser Resolution wird gefordert: «Aussagen, die nachweislich aufgrund von Folter oder anderer grausamer unmenschlicher oder erniedrigender Behandlung oder Strafe erfolgt sind, dürfen in keinem Strafverfahren als Beweis gegen die betreffende Person oder irgendeine andere Person verwandt werden.»
Während die Resolutionen von 1948 und 1975 Empfehlungen sind und keine rechtliche Verbindlichkeit besitzen, haben die Menschenrechtskonventionen von 1966 nach der Ratifizierung durch die Unterzeichnerstaaten Rechtskraft erlangt. Da die völkerrechtlichen Vereinbarungen keinen durchgreifenden Erfolg hatten, abgesehen von einigen regionalen Konventionen mit Bestimmungen gegen die Folter, hat die UNO-Generalversammlung am 8. Dezember 1977 die Menschenrechtskommission aufgefordert, einen Konventionsentwurf auszuarbeiten und einzubringen, um den umfassenden Schutz des Menschen vor der Folter und die Respektierung der Unverletzlichkeit der Menschenwürde zu gewährleisten. Am 17. Dezember 1984 konnte daraufhin die Vollversammlung der UN die «Convention against Torture and other Cruel, Inhuman or Degrading Treatment or Punishment (Doc. A/Res/39/46)» verabschieden, die für die Ratifikationsstaaten verbindlich sein wird.

Für die Bereitstellung der Originalvorlage für den Druck möchte ich dem Buch- und Schriftmuseum der Deutschen Bücherei Leipzig, für die Stadtansichten von Prag und Wien sowie dem Porträt Maria Theresias dem Direktor des Kupferstich-Kabinettes der Staatlichen Kunstsammlungen Dresden, Herrn Dr. Werner Schmidt, und für verständnisvolle Förderung dieser Edition den Mitarbeitern der Reprintabteilung des Zentralantiquariats der DDR sowie meinen Freunden, Herrn Prof. Dr. Geza Katona, Budapest, und Herrn Prof. Dr. Hermann Klenner, Berlin, danken.

Leipzig, August 1985 Armin Forker

Literatur

Arneth, A.
Die Geschichte Maria Theresias
Wien 1863–1875 (10 Bände)

Baltl, H.
Österreichische Rechtsgeschichte
Wien 1979. 4. Aufl. Leykam Verlag

Beccaria, C.
Über Verbrechen und Strafe
Sammlung Insel 22, 1966

Berglar, P.
Maria Theresia
Rowohlt Reineck 1980

Berner, A. F.
Die Strafgesetzgebung in Deutschland vom Jahre 1751 bis zur Gegenwart
Leipzig 1867

Fussenegger, G.
Maria Theresia
Verlag F. Molden Wien 1980

Gericke, O.
Menschenrechte und Folter
Göttingen und Zürich 1980

Grigulević, J. R.
Ketzer – Hexen – Inquisitoren
Geschichte der Inquisition (15.–20. Jahrhundert)
Akademie Verlag Berlin 1976

Hajdu, L.
Die rechtshistorische Bewertung der im Habsburg-Reich zwischen 1752–1769
durchgeführten strafrechtlichen Kodifikationen
Schulbuchverlag Budapest 1963

Haney, G.
Recht und Staat total-reflektierende Prismen im Geschichtsverständnis der Klassik
in: Philosophie und Geschichte
H. Böhlaus Nachfolger Weimar 1983

Haney, G.
Das Naturrecht und die klassische Philosophie
in: Philosophie und Natur
H. Böhlaus Nachfolger Weimar 1985

Heils, Ch. J.
Judex et Defensor Processus Inquisitionis
Leipzig 1717

Heister, L.
Chirurgie
Nürnberg 1719 (Reprint Leipzig 1984)

Helbing, F.
Die Tortur. Geschichte der Folter im Kriminalverfahren aller Zeiten und Völker
Scientia Verlag Aalen 1973

Herrmann, A.
Maria Theresia als Gesetzgeberin
Wien 1888

Jagemann, L./Brauer, W.
Criminallexikon
Erlangen 1854 (Reprint Leipzig 1975)

Katona, G.
Beweismittel im XVIII.–XIX. Jahrhundert
Vorereignisse der Kriminalistik in Ungarn
Budapest 1977

Klenner, H.
Vom Recht der Natur zur Natur des Rechts
Akademie Verlag Berlin 1984

Kwiatkowski, E.
Die Constitutio Criminalis Theresiana
Innsbruck 1903

Maasburg, M.F.
Zur Entstehungsgeschichte der Theresianischen Halsgerichtsordnung
Wien 1880

Mraz, G. u. G.
Maria Theresia – Ihr Leben und ihre Zeit in Bildern und Dokumenten
Büchergilde Gutenberg Frankfurt/M. 1979

Ogris, W.
Staats- und Rechtsreformen
in: Maria Theresia und ihre Zeit (Hrsg. W. Koschatzky)
Residenz Verlag Salzburg und Wien 1979

Riklin, A. (Hrsg.)
Internationale Konventionen gegen die Folter
– St. Galler Expertengespräche 1978 –
Verlag P. Haupt Bern und Stuttgart 1979

Schild, W.
Alte Gerichtsbarkeit
2. Auflage München 1985

Schmidt, E.
Inquisitionsprozess und Rezeption – Studien zur Geschichte des Strafverfahrens
in Deutschland vom 13.–16. Jahrhundert
Leipzig 1940

Thomasius, Ch.
Über die Folter (Hrsg. R. Lieberwirth)
H. Böhlaus Nachfolger Weimar 1960

Thomasius, Ch.
Über die Hexenprozesse (Hrsg. R. Lieberwirth)
H. Böhlaus Nachfolger Weimar 1967

Trechsel, S.
Probleme und aktueller Stand der Bemühungen um eine UN-Konvention gegen die Folter
(Österr. Z. öffentl. Recht und Völkerrecht 33, 245–266)
Springer Verlag 1982

Il faut croire a la lumiére (Jean-Jacques Gautier)
Comité suisse contre la torture
Genéve 1982

Internationales Abkommen gegen die Folter
Studiengruppe für Außen- und Sicherheitspolitik
Schweiz Bern 1980

Recht und Verfassung des Reiches in der Zeit Maria Theresias
Köln-Opladen 1964 (Wiss. Abhandlungen der Arbeitsgem. f. Forschung
des Landes Nordrhein-Westfalen, 28)

MARIÆ THERESIÆ
HVNGARIÆ BOHEMIÆ REGINÆ
AVGVSTÆ CONIVGI
ORBIS DELICIIS
NOSTRI TEMPORIS PALLADI

CONSTITUTIO CRIMINALIS THERESIANA

oder der

Römisch-Kaiserl. zu Hungarn und Böheim ꝛc. ꝛc. Königl. Apost.

Majestät

Mariä Theresiä

Erzherzogin zu Oesterreich, ꝛc. ꝛc.

peinliche

Gerichtsordnung.

WIEN,

gedruckt bey Johann Thomas Edlen von Trattnern,

kaiserl. königl. Hofbuchdruckern und Buchhändlern.

1769

Beylagen

Beylagen

N

Ad Articulu

Exemplar

Der Verzeichniß, welche die in den Städten, und auf dem Lande be
Augusti, 1ten Novembris an

Zahl der Personen, so in der Land- oder Halsgerichtlichen Inquisition, oder Anklag befangen sind.	Namen, und Alter derenselben: Tag, und Jahr ihrer Verhaftnehmung, und da sie ausser Verhaft wären, Ursach: warumen selben gestattet ist, sich freyen Fußes auszuführen? auch Tag, und Jahr der angefangenen Inquisition, oder Klag.	In was für einem Verbrechen?

ı. Imus.

XVIIIvum §. XIV.

und Vorschrift

ıche Halsgerichten vierteljährig mit 1ten February, 1ten May, 1ten
Obergericht zu überreichen haben.

Wie weit man in der Inquisition, oder peinlichen Anklag gekommen, und woran es dermalen bewende?	Ob, und zu was für einer Straffe der Thäter etwann bereits abgeurtheilet, und ob solche an ihme vollzogen, oder ob er losgesprochen worden?	Ob die Verurtheil- oder Losssprechung durch einhellig- oder mehrere, auch wie viel Stimmen erfolget seye?

Num. II[dus.]

Ad Articulum XXVI[tum] §. XVII.

Instruction.

Wie, und auf was Art in Fällen einer gewaltthätigen Ertödt- oder Verwundung das corpus delicti ordentlich zu erheben, und hierüber die Beschau= und Wundzetteln einzurichten seyen?

Zu künftiger Vorbiegung deren zum öftern theils unverläßlich, theils unförmlich zu Verzögerung des Criminal-Processes ausgefertigten Todenbeschauen, und Wundzetteln wird hiemit all- und jeden zu Besichtigung eines Körpers von Gericht beruffenen, oder hierzu eigends bestellten Leib= und Wundärzten, und (falls diese etwann zur Zeit nicht zu bekommen wären) auch den Baadern gemessen eingebunden, daß sie derley Untersuchung eines verwundet- oder entseelten Körpers, wobey sich der Verdacht einer gewaltthätigen Handanlegung herfürthut, mithin der Richter nach denen zu erheben kommenden Beschau= oder Wundzetteln die Inquisition einzuleiten, und abzuführen hat, allzeit in Gegenwart der darzugezogenen Gerichtsmännern nach den Regeln der Zergliederungs= und Wundarzneykunst (artis anatomicæ, & chirurgicæ) verläßlich, gewissenhaft, und unpartheyisch vornehmen, den erhobenen Befund, falls es möglich demonstrativè, das ist: mit klaren Beweis, und nicht præsumtivè, oder nur muthmaßlich in Gestalt einer verläßlichen Zeugniß, mit Beyruckung der eigentlichen Ursachen: ob, und aus was für einem Grund die Wunde entweder schlechterdings tödtlich, oder gefährlich, und meistentheils den Tod nach sich ziehend, oder an sich gering, und nur zufälliger Weise todsgefährlich (vulnus per se, & necessariò lethale, vel ùt plurimùm lethale, vel tantùm per accidens lethale) seye? dann mit Benennung der Gattung der Wunde, mit Anzeigung der Gestalt, Länge, Weite, Tieffe, dann des verletzten Theils, wie viel Geblüt, oder andere, und was für eine materie gefunden worden? wie auch mit Anmerkung der Splittern, und Ritzen, ob? und welche anliegende Theile wegen gehinderten Umlauff des Geblüts, wegen gehemmter Athmung, wegen unterbrochener Uebereinstimm- und Zusammensagung der Haupttheilen, entweder aus Abgang der Beyhülff, oder aus ihrer Mitwirkung den Tod nach sich gezogen? dann ob, und warumen der Umlauff des Geblüts verhindert worden? ferners mit Ausdruckung des beyläuffigen Alters des Verstorbenen, dann dessen Structur, und Complexion, wie der Körper äusserlich ausgesehen? item, wie die von der Wunden nicht berührt- innerliche Theile beschaffen gewesen? verfassen, und solchen ihren Befund nach der oben Art. 26. §. 16. gegebenen Maßgab entweder auf ihre obhabende schwere Eydespflicht nehmen, oder allenfalls gerichtlich beschwören, und nicht Ursach geben sollen, daß bey herfürbrechenden Anstand allererst von der medicinischen Facultæt ein weiteres Erachten, oder Superarbitrium abzuheischen seye, und hiedurch dem Gericht die Aetzungs= und andere Unkosten vermehret, dem Inquisiten der Arrest verlängeret, oder aber zur Anstreit- und Impugnirung des corporis delicti, und der Inquisition Anlaß genommen werden möge. Und zumalen solche Beschauen meistens bey einem Todschlag, Vergiftung, und Kindermord unumgänglich nöthig sind, als wird sonderheitlich in Ansehen dieser 3. Verbrechen eine genaue Richtschnur nachstehendermassen vorgeschrieben.

Quoad homicidium.

Den Todschlag nun belangend, da ist zu beobachten 1mò. die Eigenschaft des verwundeten Theils, ob es einer aus den edleren Theilen seye, die zu Erhaltung des Lebens unumgänglich nöthig? 2dò. Die Grösse, Tieffe, und Beschaffenheit der Wunden; item, ob es eine gerade, oder schräge Wunden seye? 3tiò Die Unmöglichkeit einige Hülffs- und Heilungsmittel beyzubringen. 4tò. Der bald darauf erfolgte Tod. Anbey haben die Kunsterfahrne vor allem den Körper genau zu besichtigen, dann bey desselben Eröffnung die drey Haupthöhlungen, nämlich des Haupts, Brust, und Unterbauchs auszuforschen, und in Acht zu nehmen: ob es eine Fleisch- oder Beinschröttige, oder mehrere, oder runde Wunden seyen? ob nicht das Gehirn? ob der Magen, und dieser oben, oder unten, wodurch der Speissaft in die Gedärme dringet, beschädiget, und das pericardium, das ist: das Herzfell, und vielleicht auch die Herzkammer vornehmlich linker Seits, oder dasiges Schlafmäuslein, das Zwerchfell, oder Sennen an seinen fleischlichten Theilen, die Lungen, und ihre vornehmste Aeste, die Blutader der Lungen, Leber, oder Schlund berühret worden? oder, ob nicht vorhero einige, und welche innerliche Theile verdorben? oder ein anderes tödtliches Merkmahl, zum Beyspiel: ein gefährliches Brustgeschwär, oder Gewächs, oder ein anderer tödtlicher affectus verborgen gewesen, und getroffen worden? Ob nicht der Verwundete durch zeitlichere Stillung des Geblüts, Verhinderung des besorglichen Wundfiebers, Krampf, oder Brand, oder durch Vornehmung einer Aderlaß gänzlich, oder wie lang hätte errettet werden mögen? Ob die Wunden am Haupt, nur die äusserliche Bedeckungen (integumenta) getroffen? Ob der angebrachte Gewalt heftig, oder gelind, mit- oder ohne Zerschütterung, mit- oder ohne unterloffenen Geblüt? Ob selber die Schlafmäuslein, die Hirnschal-Beiner, die harte, oder weiche Hirnhaut, ja das Gehirn selbst verletzet habe? Ob die grosse, oder kleine Blutgefäße lædiret, wodurch die Bewegung verhinderet wird, da man das Geblüt nicht stillen, oder die Ader nicht consolidiren, und zusammheilen kann, immassen das Geblüt die Höhle der Brust anfüllet? Ob es möglich gewesen das extravasirte Geblüt, oder materie herauszubringen, und die fernere Corruption zu verhinderen? oder ob die Wunden am Haupt klein, und tieff, einfolglich nicht wohl zu erweiteren gewesen? Ob die Hohl- oder grosse Pulsspannader, oder Flachse, oder die zum Herzen, Lungen, und Zwerchfell gehende, und zwischen den Rippen liegende Nerven getroffen worden? Ob etwann, und auf was Weise der nicht absolutè lethalen Wunden vorzubiegen gewesen? es solle auch der Wundarzt, falls ein Medicus zur Beschau zu bekommen wäre, vor dessen Ankunft die Eröffnung nicht vornehmen, so ist auch ein Ueberfluß vor der Section die Tieffe der Wunden mit dem Specillo, oder Fucheisen, oder einem ungebräuchlichen Instrumento, wodurch öfters die Læsion erweitert, oder eine neue Verletzung verursachet wird, unvorsichtiglich zu erforschen, gestalten die Oeffnung des Leichnams die Tieffe der Wunden genugsam an Tag leget; jedoch wird ihnen obliegen, vor allen Dingen das etwa beyhändige Instrument, wormit die Beschädigung wiederfahren, alsogleich mit der Wunde, ob es darmit eintreffe, und zur Ertödtung tauge, fleißig entgegen zu halten; wie der Körper äusserlich ausgesehen? dem Beschaubefund, oder Sentimento beyzurucken; bey der Untersuchung alle innerliche Gegenden zu eröffnen, und zu sehen, ob dieser Mensch lediglich von der überkommenen Wunden unumgänglich habe verscheiden müßen? begäbe es sich, daß man auch äusserlich am Leichnam keine sichtbare Gewaltthätigkeit vermerkete, und dannoch der Ruff wäre, daß solcher Mensch nicht natürlicher Weise Todes verblichen, so muß gleichwohlen der Leib geöffnet, und erforschet werden, ob nicht der Entleibte einen Stoß, oder Wurff auf die Herzgruben, oder dasige Gegend, oder einen Fußtritt in die Weiche, oder in die linke Seiten, wo das Milz liegt (wodurch selbes geschwellet, und, weilen es mit einem sehr dünnen Häutel umgeben, auch eine Extravasation im unteren Leib verursachet, leichtlich bersten kann) überkommen habe? worzu vielleicht eine Ohnmacht, Schlag, oder Verhinderung des Athems gekommen, das Geblüt sich häuffig ergossen, eine Erstickung verursachet, oder das Gallenbläslein (vesicula fellea) oder auch die Harnblasen zersprenget worden. Und weilen dann im Körper drey Cavitäten enthalten, als werden sich die Kunsterfahrne, wie zu verhalten wissen, und sich vor der Obduction, oder Besichtigung,

tigung, so viel möglich, wegen des Verwundeten Alter, Disposition, des zur Verwund- oder Ertödtung gebrauchten Instruments, der gepflogenen Diæt, Wartung, Heilungsart, und Zeit des erfolgten Todes erkundigen, dann nicht nur alle Striche der Wunden untersuchen, sondern auch vorerwehntermassen alle Höhlen des Körpers eröffnen, damit man in dem abgebenden Bericht, oder dem schriftlichen Zeugniß desto gewisser sich herauslassen möge, ob der Verwundete von der Wunden lediglich verschieden seye? über welches alles der Bericht, oder schriftliche Befund um so mehrers aufrichtig, und genau abzufassen seyn wird, als nach Verlauff einer Zeit schwer, wo nicht gar unmöglich fallet, bey immittelst entstehender Faul- und Verwesung des Körpers die vorhin nicht richtig erhobene Beschaffenheit der Wunden, durch ein nachfolgliches Obererachten der medicinischen Facultæt ausfindig zu machen, einfolglich die Inquisition behörig zu beschleunigen; welches demnach in Rucksicht auf die Todschläge, oder Verwundungen fürs künftige allerdings beobachtet werden solle.

Das auf was immer für eine Art verschluckte Gift betreffend: da werden die Kundschaftgebere die Umstände fleißig erwegen, ob dem Menschen das Gift gereichet worden, oder ob solches von innerlich seinen Ursprung habe (venenum naturale, vel morbosum) und welchergestalten es seine Wirkung an Tag lege? weilen dieses letzteren (veneni morbosi) Wirkung mit dem ersten ziemlich übereinstimmet, einfolglich hat der Leib- mit dem Wundarzten, so viel möglich, des Verstorbenen eigentliches Temperament, die Heftigkeit seiner ausserordentlichen Sinn- oder Gemüthsleidenschaften, das ist: die Bewegung der Sinnen, und des Gemüths, womit vielleicht der Verstorbene behaftet gewesen, auszuforschen, und die Gattung, oder Art, und Wirkung des Gifts, als welches, vornehmlich da es gröblichter genossen wird, insgemein mit Anfreß- oder Entzündung, oder einem Qualm, und Ausdämpfung (corrosione, fermentatione, vel vaporibus) wirket, ausfindig zu machen. Ursach dessen erforderet es die Noth, den Körper äusserlich wohl zu durchschauen, und den Befund getreulich anzumerken, sodann die Section vor die Hand zu nehmen, alle innerliche Theile, und Gegenden zu besichtigen, damit man erfahre, ob die äusserliche mit der innerlichen Spur übereintreffe; welcherley Spuren, oder Vestigia hauptsächlich an dem beruhen, daß man ein Merkmahl des anfressend- oder corrosiven Gifts, absonderlich in der Kähle, Speisröhren, in den dicken, oder dünnen Gedärmen, oder falls durch eine Clystier ein Gift eingelassen worden, in den Nieren, Harngängen, oder Blasen, im Magenschlund, oder Magen selbst in Acht nehme; oder, ob sich unter anderen äusserlich am Magen, und intestino duodeno, das ist: am Zwölffingerdarm eine grosse Entzündung, oder Beitzung, inwendig am Magen aber ein röthlichter heftiger Saft (liquor) wie ein Wein vorstelle? und obschon sich etwann äusserliche Zeichen darzeigeten, so ist sich doch darauf nicht zu verlassen, weilen solche affectus, zum Beyspiel: von einem vergifteten Biß, oder Stich herrühren mögen. Ansonst bestehet des Leib- und Wundarztens Wissenschaft in dem, daß er die Complexion des Menschen, dann ob? und was für ein tödtliches Gift er verschlucket, oder ihme gereichet worden? wie stark selbes seye? und wie viel dieses individuum in Specie umzubringen erforderet worden? fleißig erforsche. Es solle auch der Leib- und Wundarzt bey der Oeffnung beflissen seyn zu untersuchen, ob nicht der Verlebte einige an sich selbsten nicht giftige, nicht etwann gröblichte, sondern pulverisirte, und nicht ordnungsmäßig zugerichtete, mithin mehrers durcharbeitende, auch so gar überflüßige Arzney in häuffiger Menge zu sich genommen? immassen derley in Uebermaß gebrauchte Arzney den Magen durchnaget, selben mit einem Herzwehe entzündet, und mit der Zeit den Tod zuwege bringen kann. Quoad veneficium.

Nun sind die nach dem Tod sich hervorthuende ungemeine äusserliche Zeichen des bekommenen Gifts, unter anderen auch folgende: nämlich die Aufschwellung des Schmerbauchs, allzugrosse Aufblähung des Magens, und der Gedärmen, schwarzblaue Masern ob dem Rucken, und Füssen, nach eröffneten Körper derley Flecken im Magen, den Gedärmen, und an dem Ingeweide, benanntlichen an der Lungen, Leber, Milz, und Nieren ꝛc. Die bisweilen sonderlich von corrosiven Gift verbliebene Durchbeitzung des Magens, ein verdorben-stinkend-und schwarzlicht-blutiger Saft, oder daß man die Abgänglein (Ramenta) vom Gift finde, ein schlappicht- und zusammengerumpftes Herz, in der Herzkammer eine merkliche Gerönnung des Geblüts, im Kopf, und zwar vornehmlich in den ersten Hals-Puls-oder Kähladern eine grosse ungemeine Menge des geronnenen Geblüts. Es sollen also die Kunsterfahrne die vor- und nachgehende Wahrzeichen genau betrachten; als

1mò. Wie oben schon angereget worden, den Zustand, und Eigenschaft des Menschen, was für eine Natur derselbe gehabt, und wie er beschaffen gewesen?

2dò. Wo möglich, bey denenjenigen, die beym Verstorbenen gewesen, auskundschaften, mit was für Zufällen er kurz vorm Tod gewesen? ob er gählings, unvermuthet, und so zu sagen, bey gesunden Leibe verschieden? oder ob selbem nicht, und was für ein Unfall den Tod beförderet habe? Ob er bald nach genommener Speise, oder Trank eine beschwerliche Huste, Blutspeyen mit Gestank, Ve stopfung des Urins empfunden? und mit einem greulichen Schmerzen, grosser Hitze, Zittern, krampfsichtigen Bewegungen, Schlucken, Wasserbläßlein, Hitz im Mund, öfteren Ausspritzen, grossen Durst, Eckel im Magen, Reissen, Beissen, und Nagen im Leibe, starken, und blutigeren Durchfällen, und Urin, grösserer Herzensangst, schwerem Athemhohlen, kalten Angstschweis, Verdrähung der Augen, Zusammenziehung der Fingern, Erkaltung der äusserlichen Theilen, schwärzlichten Nägeln, Zitterung der Lippen überfallen worden? Ob er nicht im Angesicht bleyfärbicht, und Erdfarb ausgesehen, auch dieses Zustandes halber keine andere offenbare Ursach, oder Gelegenheit zu erfahren gewesen?

3tiò. Ob an dem Körper eine starke, und grosse Geschwulst des ganzen, oder wenigstens des unteren Leibs? Ob der Leichnam gelb, und grün, Erdfarb, und Bleygelb, dann das Angesicht braun, und aufgeloffen, die Zungen schwarz, dick, und aushängend ausgesehen? Ob am Leibe, besonders auf der Brust, grösser- oder kleinere, schwärzlicht-gelblicht-röthlicht, oder andere Flecken zu finden?

4tò. Ist wohl zu bemerken, ob im Magen einige Spur, oder Satz von Gift (Saburra venenosa) anzutreffen, und wie das Eingeweid beschaffen seye?

Quoad infanticidium.

Schlüßlichen ist es um Erhebung des corporis delicti in Kindsmorden zu thun, allwo sich zwey Fragen ergeben: 1mò. Ob das Kind lebendig, oder toder auf die Welt gekommen? 2dò. Ob das Kind durch gewaltthätige Hand umgekommen seye? damit also die Verläßlichkeit erlanget werde, so muß die äusser- und innerliche Besichtigung darumen frühzeitig vorgekehret werden, weilen verschiedene Ursachen, und Umstände theils vom Körperl, theils vom Wetter, oder der Zeit eine zufällige Veränderung erwecken können, und ist bey der Section zu beobachten, ob? und was für affectus im Leibe gewesen? und vielleicht dem Kind den frühzeitigen Tod zuwege gebracht haben mögen? weiters ist darauf Acht zu haben, ob das tode Kind in einem unreinen, unflätigen, warmen, oder feuchten Orte gefunden worden? es erforderet auch die Noth bey einem toden Kind, das Hauptblätlein, die Schläffe, das Hauptblat des Kopfs, ob selbes mit den Fingern eingedrucket seye, und die Maalzeichen von den Fingern vorhanden? item das hintere Theil des Haupts, und den Nacken wohl zu beaugenscheinigen, ob? und was für eine Violenz, id est: Zwang daran zu vermerken? Ob das Knäblein an dem Scroto, oder Hodensäcklein gedrucket, geschwollen, roth, oder blau seye? Ob dem Kind die Nabelschnur nahe am Leibe abgerissen, oder unterbunden worden seye, oder nicht? item, ob in dem Intestino recto, oder Mastdarm, in Sphinctere der musculus constrictor, das ist, das Schlüß- oder zusammenziehende Mäuslein des Hintern, und Blasen mit einem Rüthel, oder ästigen Stäblein durch das Fitscheln verletzet, oder das Kind durch einen Schwefelgestank, von der glüenden Lichtbutz, oder scharffen Rauch, oder eingelassenes Gift in die Nasenlöcher hingerichtet worden? Ob die am Hals des Kinds hinterlassene blaue Fleck für eine von der Mutter herkommende Gewaltthätigkeit zu achten, oder zu glauben, daß solche von einer schweren Geburt herrühren? es pfleget auch insgemein von den unzüchtigen Weibspersonen eingestreuet zu werden, das Kind seye im Mutterleib, oder bey der wirklichen Gebährung gestorben; um aber zu erforschen, ob das Kind bis zur, oder nach der Geburt gelebet habe? ist nöthig zu beobachten, ob das Kind

1mò. Aller-

1mò. Allerdings an der Länge, und Stärke, in seinen erforderlichen Gliedmassen vollkommen, mit den Nägeln an Händen, und Füssen, dann ob dem Haupt mit Haarlein versehen, und gebührend gestaltet seye?

2dò. Ob die Nabelschnur frisch, knoricht, rein, und lebhafter Farbe seye?

3tiò. Ob von den Anwesenden gleich nach der Niederkunft verspüret worden, daß das Kind annoch warm gewesen?

4tò. Ob aus der verbundenen Nabelschnur das Geblüt häuffig geflossen? ob an dem verschiedenen Kind, in dessen Leibe, und Eingeweid kein, oder wenig Geblüt befindlich?

5tò. Ob nicht währender Schwangerschaft, und zwar fürnehmlich gegen den letzteren Tägen der Geburt, durch einen unvorgesehenen Fall, oder schweres Heben der Mutter, oder Erschütterung des Leibs, oder fruhe abtreibende Arzney, überflüßige, verdächtige, starke Aderlaß, starkes Niesen, Schrecken, Zorn, und ausserordentliches Fasten das Kind verdorben, oder geschwächt, mithin zur Geburt unbequem, und unschicklich gemacht worden?

6tò. Ob sich nicht das Kind, da etwann bey der Geburt Leute gewesen, währender Geburt von ein- zu anderer Seite nur geschoben, doch nicht lebhaft sich gerühret, solches auch die Mutter, und die herumstehende beobachtet haben? Ob die Geburt leichtlich, oder schwer von statten gegangen, oder ob währender Geburt das Geblüt merklich ausgeflossen? Ob nach der Geburt die Nachgeburt leichtlich erfolget seye?

Nebst all-obigen sollen die Kundschaftgeber nicht allein auf die Complexion der etwann zum ersten gebährenden Mutter, sondern auch, ob es nicht ein schmachtig-elend-gering-und klein-zartes Kind seye? reflectiren, folglich ihre Meinung sowohl in diesem Verbrechen des Kindsmords, als in oberwehnten Verbrechen des Todschlages, und Vergiftung wohl bedacht, und pflichtmäßig mit Beyruckung derer aus ihrer Kunst hergeleiteten Ursachen einrichten.

Dieser Instruction wird nachfolgende

Nützliche Anmerkung

wegen der in den Beschauzetteln jedesmal auszudrucken kommenden Beschaffenheit der Wunden beygerucket.

Bey Besichtigung eines verunglückt- und verletzten Menschen haben die darzu beruffene Leib- und Wundarzten in ihren abgebenden Attestatis nicht allein des Verwundet-oder Toden seinen Namen, Alter, Geschlecht, Leibsbeschaffenheit ꝛc. sondern hauptsächlich die Gattung der Verletzung: ob sie gering, gefährlich, oder gar tödtlich seye? zu bestimmen; anbey muß der Wundarzt allzeit gehöriger, und geschickter Instrumenten, womit er die Untersuchung der Wunden, und Eröffnung der toden Körper pfleget anzustellen, sich bedienen, weil ansonst viele Fehler können begangen werden; untereinstens solle er auch auf das Instrument, womit die Verwundung ist gemacht worden, wohl Acht haben, weilen eben daraus der Gewalt desto geschwinder beurtheilet werden kann.

Eine Wunde ist bekanntermassen nichts anderes, als eine frische blutige Zertrennung deren sowohl weichen Theilen (partes molles) als wie die hautige, fleischichte, sennichte; dann der harten Theilen (partes duræ) als Knochen, und Knorpel sind, welche mit einem scharffen Instrument, als Degen, Messer ꝛc. verursachet werden.

Es ist hiebey ein Unterscheid zu machen zwischen Wunden, so von einem stumpfen Instrument, oder von schlagen, fallen, werffen, beissen, schiessen gemachet, und jenen, welche von wütigen Thieren sind beygebracht worden.

Sonderheitlich ist der Unterscheid in Ansehung der Wunden selbst wegen ihrer Gegend, äusseren Gestalt, Grösse, und Tieffe in Acht zu nehmen, woraus man bald schliessen kann: welche Theile, und wie selbe verletzet worden?

Weilen aber alle Theile des menschlichen Körpers können verletzet werden, so pfleget man solche in Verwundungen von Kopf, Hals, Brust, Bauch, oberen, und unteren Gliedmassen einzutheilen; und dieses vermög der Gegend.

Partitio vulnerum.

In Ansehen der Gefahr aber werden die Wunden in geringe, gefährliche, und tödtliche abgetheilet. Und vermög dieser Eintheilung kann ein jeder Wundarzt allzeit der Obrigkeit ein behöriges Wundzettel eingeben, und darinnen bestättigen: ob die Wunden tödtlich, oder nicht? und ob der Verwundete habe curiret werden können, oder nicht?

Vulnus leve quid sit?

Eine geringe Wunde ist nichts anderes, als eine frische blutige Zertrennung der allgemeinen Bedeckungen, welche nach einer kleinen Verblutung gleichsam von sich selbst, oder mit weniger Hülff geheilet werden könne.

Vulnus periculosum quid sit?

Eine gefährliche Wunde aber begreiffet schon in sich die Verwundungen derer Mäuslein, ihrer Sennen (tendo) spannaderichten Ausbreitungen (aponeurosis) Verletzung der Nerven, und merklicher Gefäßen an den Theilen des menschlichen Körpers, wobey ein Wundarzt sich in Erkanntnuß, Vorsagung, und Curirung wohl in Acht zu nehmen hat, weilen ebenfalls üble Zufälle öfters darauf zu kommen pflegen, als: Entzündungen, Schmerz, Krampf, Brand, und der Tod selbst, wenn solche Verwundungen nicht mit guten, und gehörigen Mitteln verbunden, und tractiret worden sind. Ebenfalls ist auch denen sonst geringen Wunden des Kopfs nicht zu trauen, weilen gar oft die üblesten Zufälle nachzukommen pflegen.

Vulnus lethale quid sit?

Eine tödtliche Wunde hingegen ist eine solche Verwundung, wodurch der Mensch um sein Leben kommen wird, oder gar schon daran verstorben ist.

Triplex species vulnerum lethalium.

Um nun diese letzte Gattung wohl zu verstehen, so muß man sich der allgemeinen Regeln bedienen, und ist zu betrachten, daß es tödtliche Verwundungen von dreyerley Gattungen gebe; als

1mò. Jene, so schlechterdings tödtliche Wunden (vulnera absolutè lethalia) genennet werden, vermög welcher Verletzung der Verwundete sterben muß, wenn man auch alle Mittel, und Hülff anwendete.

2dò. Diejenige, so ihrer Natur nach an, und vor sich ebenfalls tödtlich sind (vulnera per se, & ex sua natura lethalia, vel ùt plurimùm lethalia) aber vermög der Hülff, und gehörigen Mitteln dannoch der Tod verhinderet werden könne.

3tiò. Diejenige Verwundungen, welche ihrer Natur nach nicht tödtlich sind, aber tödtlich werden, entweder, wenn von dem Kranken, oder von dem Wundarzten ist gefehlet worden (vulnera per accidens lethalia).

Exempla vulnerum absolute l thalium.

Zu der ersten Gattung der schlechterdings tödtlichen Wunden werden gerechnet:

Erstens: Wo das Geblüt nicht gestillet werden kann, man möge sich aller Mittel bedienen, wie man wolle, folgsam der Tod unumgänglich folgen muß, als alle in die Höhligkeit des Herzens, oder derselben Herzährlein gehende Wunden.

Item alle Wunden in den inneren Eingeweiden, dadurch grosse Adern sind verletzet worden, als die grossen Wunden der Lungen, Leber, Milz, Nieren, des Netzes, Magens, Gedärmer, des Rückleins, Gekröse, der Gebährmutter, der großen Herzensader, der Bauchpulsader, der Darmbeinspulsader, der Nierenpulsader, der oberen, und unteren Gekrösepulsader, der Drosselpulsader, der unter dem Wirbelbein gehenden Pulsader, der Hohlader, der inneren Drosselblutader, Darmbeinsblutader, Nierenblutader, der Portader, und aller inneren Adern, wo ein Wundarzt mit gehöriger Hülff nicht beykommen kann.

Zweytens: Jene Verwundungen, so die Lebensgeister verhinderen, daß sie von dem Gehirn nicht zu dem Herzen kommen können, als alle tieffe Wunden des Gehirns, alle Wunden des kleinen Gehirns, des verlängerten Marks, des Rückenmarks, wie auch alle solche Verwundungen der Adern, wo sich das Geblüt in dem Grund der Hirnschale setzet, und folglich durch keine Hülff herausgebracht wer-

werden kann; dann gehören ebenfalls hierzu die Verwundungen des achten paars Nerven, des grossen Rippennerven, des Herzennerven ꝛc.

Drittens: Jene Arten der Verwundungen, so das Athemholen benehmen, und zwar also, daß der Mensch sterben muß, nämlich wenn die Luftröhre gänzlich abgeschnitten worden, und das untere Ende sich also zuruckziehete, daß die Luft nicht hinein kommen könne; die Wunden, so auf beyden Seiten in die hohle Brust gehen, und grösser sind, als der Spalt des Luftsröhrenkopfs (rima glottidis) oder eine solche grosse Wunde, welche zwar nur auf einer Seite in die Höhle der Brust gehet, aber auch zugleich das Mittelfell durchbohret hat, wo alsdann ebenfalls die Luft in beyde Höhlen der Brust kommen kann, wodurch die Lungen zusammengedrucket, und der Verwundete also ersticken muß.

Viertens: Sind solche Verwundungen ebenfalls schlechterdings tödtlich, so den Nahrungssaft verhinderen, daß selber nicht könne dem Geblüt beygebracht werden, als da sind die grosse Wunden des Magens, der Gedärmer, welche von Magen am ersten die Nahrung überkommen, des Sammelkasten, oder Milchbehalters, des Milchbrustgangs, dann der grossen Milchadern, wie auch die Abschneidung des Magenschlunges ꝛc.

Fünftens: Gehören noch hieher jene Verwundungen, wo nämlich eine Feuchtigkeit immer in eine Höhle fliesset, ohne daß es der Wundarzt bezwingen könne, solche zu stillen, als da sind die Wunden der Gallenblase, und dessen Gängen, der Urin-Blase, und dessen Gängen, des Magens, und Gedärmer, und aller übrigen Theilen, wo eine Feuchtigkeit, ohne gestillet werden zu können, immer in eine Höhligkeit fliesset, wodurch alles samt den benachbarten Theilen in die Fäulung übergehet, und also zwar etwas langsamer, jedannoch gewiß den Tod nach sich bringen muß.

Nachdem die schlechterdings tödtliche Verwundungen sind durchgegangen worden, so sind auch diejenige, so ihrer Natur nach tödtlich sind, aber durch die Kunst, und gehörige Mittel können geheilet werden, zu betrachten; und gehören hieher: wenn ein ausgetrettenes Geblüte sich unter der Hirnschale befindet, oder auch gleich unter der harten Hirnhaut an einem solchen Orte, wo die Trepanation gemacht werden könne; wenn die unter den Rippen liegende Pulsader verletzet worden ist; wenn die Nabelschnur nicht unterbunden worden ist. Dann gehören hieher alle Puls- und Blutadern, wo der Wundarzt mit seinen Händen, und Mitteln zu Hülffe kommen kann; als die Schlafbeinspulsader, die Aeste der äusseren Drosselpulsader, die Armbeinspulsader, die Ellenbogenpulsader, die Schenkelpulsader, die unter dem Knie liegende Pulsader, die Schienbeinspulsader ꝛc.

Exempla vulnerum per se quidem lethalium, sed tamen curabilium.

Eine zufälliger Weise tödtliche Wunde muß so betrachtet werden, daß sie eine solche Wunde seye, welche sicher, und ohne Gefahr hätte können curiret werden, wenn nicht entweder ein Fehler von dem Kranken, oder von dem Wundarzten wäre begangen worden.

Exempla vulnerum per accidens lethalium.

Zu dessen Erklärung nachfolgende Beobachtungen beygesetzet werden. Und zwar

1mò. Ist des Wundarztens Schuldigkeit, daß die Wunde von allem Unflat müße gereiniget werden, worunter zu rechnen sind Sand, Steiner, Eisen, Kugeln, Stücke von Kleidern, Geblüte ꝛc.

2dò. Daß er bey Untersuchung der Wunden nicht zu rauhe mit seinen Instrumenten herumfahre, oder stosse, oder reisse, wodurch er nicht allein Schmerzen, grössere Verletzungen, Blutstürzungen, Krampf, Brand, und auch den Tod zuwegen bringen könne.

3tiò. Daß er die Wunde von dem überflüßigen Euter behörig reinige, dann vermög dieses Fehlers wird das Euter durch die Blutadern in das Geblüt eingesogen, und kann dadurch eine Schwindsucht, oder Abzehrung entstehen.

4tò. Wenn der Wundarzt keine rechte Mittel, oder gar beizende, oder anfressende Mittel aufleget, wodurch nicht allein Schmerzen, Entzündungen, Krampf, oder Zuckungen, der Brand, ja der Tod selbsten zu entstehen pfleget.

5tò. Wenn der Wundarzt das in grösserer Menge ausgeloffene Geblüte entweder in der Höhle der Brust, oder des Bauchs nicht gehörig heraus gebracht, und die Wunde zu frühe zugeheilet hat, so fanget das Geblüte an zu faulen, frißt die benachbarte Theile an, und bringet den Menschen ebenfalls um das Leben.

6tò. Ist auch in Acht zu nehmen, daß man keinen Fehler in denen sechs nicht natürlichen Dingen (res non naturales) begehe, als in der Luft, Speise, Trank, Bewegung, Ruhe, dann Gemüthsbewegungen 2c. Dann was diese Sachen, wenn man in selben einen Fehler begehet, für Krankheiten hervorbringen können, ist ohnedem Jedermann bekannt; wenn also bey einem Verwundeten in diesen Stücken gefehlet wird, so kann also auch eine geringe Wunde den Menschen um das Leben bringen.

7mò. Ist nicht nur allein dieses alles in Acht zu nehmen, sondern man muß auch wissen, ob der Körper sonsten gesund, oder mit üblen Säften angefüllet ware, als mit der Wassersucht, Lungensucht, Scorbut, Venus-Seuche 2c. oder ob er nicht eine besondere Idiosyncrasiam habe, das ist, eine solche besondere Natur, daß das geringste, was einem solchen Menschen begegnet, sein Nervengebäu in eine solche Veränderung setzet, daß er in Ohnmachten, Erstarrungen, Krampf fallet, ja auch sterben könne; folgsam siehet ein jeder Wundarzt, daß er auf alles genau Acht haben müße, und zugleich solches in seinen Wundzettel zu berichten habe, ob der Kranke gefehlet, ob seine Natur anzuklagen seye, oder ob der Wundarzt einen Fehler begangen habe?

Was hingegen die Quetschungen (Contusio) anbelanget, so bleibt ebenfalls die ganze Eintheilung, wie bey den Verwundungen ist gemeldet worden.

Aus dem nun gesagten siehet ein Wundarzt, daß er alles in seinem Wundzettel aufzeichnen müße, nämlich den Namen, das Alter, das Geschlecht, die Leibesbeschaffenheit, was für Theile, wie tieff, wie weit, wie groß, von was für einen Instrument die Wunde (wenn es zu erfahren möglich ist) verursachet, und wie endlich der Kranke verpfleget, und tractiret worden seye? dann ob die Verwundung gering, gefährlich, oder tödtlich seye, und unter was für eine Gattung der Tödtlichkeit eigentlich auch solche gehöre?

IIItius

1. Strahof f. Mons Sion. 2. Domus Czerniniana. 3. Maria Lauretana. 4. Ursulinæ Monia-les. 5. Barnabitæ. 6. Archi Episcopale Palatiu. 7. Arx Regia. 8. Templ: Cathedr. S. Viti. 9. Templ: omniu Sanctoru. 10. Collegiu S. Georgii. 11. Turris nigra. 12. Templ: Cajetanorum. 13. Hospitale Italicu. 14. P.P. Jesuitæ. 15. Templ: S. Thomæ. 16. Curia Urbis parvæ. 17. S. Jose-phi Templ. 18. Porta Pontis. 19. Matka Bogi. 20. Carmelitar. Cœnob. 21. Dominicani ad M. Magdal. 22. Templ. S. Johannis. 23. Clerici albæ Crucis. 24. Fratres Misericordiæ. 25. Turris Aquæ... Porsizensis. 26. S. Castel. 27. Templ: Paulanoru. 28. Templ: S. Petri in Porsiz. 29. Templ: S. Bened. 30. S. Nicolai Templ. 31. S. Jacobi Templ. 32. Theinense Templ. 33. Domini Cru-cigeri. 34. Curia Urbis veteris. 35. P.P. Jesuitæ ad Clemente. 36. Servitæ ad S. Michael. 37. S. Galli Templ. 38. S. Henrici. 39. S. Ægidii. 40. S. Annæ. 41. Maria in nive. 42. Convictus. 43. Trinitarii. 44. S. Lazari. 45. Curia Urbis Novæ. 46. S. Stephani Templ. 47. S. Catharinæ. 48. P.P. Jesuitæ. 49. Aula Caroli. 50. Templ: S. Apollinaris.

1. Strahof oder berg Sion. 2. Czerninische Hauß. 3. Maria Lauretana. 4. Urselinerin. 5. Barnabiten. 6. Ertzbischöfl. Pallast. 7. Das Königl. Schloß. 8. Dom Stifft zu S. Veit. 9. Allerheiligen Kirch. 10. Stifft zu S. Georgen. 11. Der Schwartze thürn. 12. Cajetaner Kirch. 13. Welsche Spittal. 14. Iesuiter. 15. S. Thomas. 16. Klein seitner Rathhauß. 17. S. Ioseph. 18. Brücken thor. 19. Matka Bogi. 20. Carmeliter Closter. 21. Dominican: zu St. Magdal: 22. S. Iohannis Kirch. 23. Weisse Creutz Herrn. 24. Barmher-tzige Brüder. 25. Porsitzer wasserthürn. 26. S. Castel. 27. Pauliner Kirch. 28. S. Peter auff Porsitz. 29. S. Benedict. 30. S. Nicolai Kirch. 31. S. Jacob. 32. Thein Kirch. 33. Creutz Herrn. 34. Altstätter Rath-hauß. 35. Iesuiter zu S. Clementz. 36. Servitte zu S. Michael. 37. S. Gallen. 38. S. Henrich. 39. S. Egidi Kirch. 40. S. Anna. 41. Maria Schnee. 42. Convict: 43. Trinitarier. 44. S. Lazaro. 45. Neustät-ter Rath Hauß. 46. S. Stephani Kirch. 47. S. Catharina. 48. Iesuiter. 49. Carlshof. 50. S. Apollinar:

Frid. Bernh. Werner delin. — Cum Priv. Sac. Cæs. Maj. — Ioh. Georg Pinz sculpsit — Martin Engelbrecht excud. A. V.

Numerus III[tius.]

ad Articuli XXXVIII[vi] §[phum] XVII[mum.]

Abschilder- und Beschreibung

deren

Peinigungsarten, wie selbe in der königl. böhmischen Hauptstadt Prag bey den daselbstigen Stadt-Magistraten vorgenommen werden.

Figura I. Latus I.

Der Grad des Daumstockes.

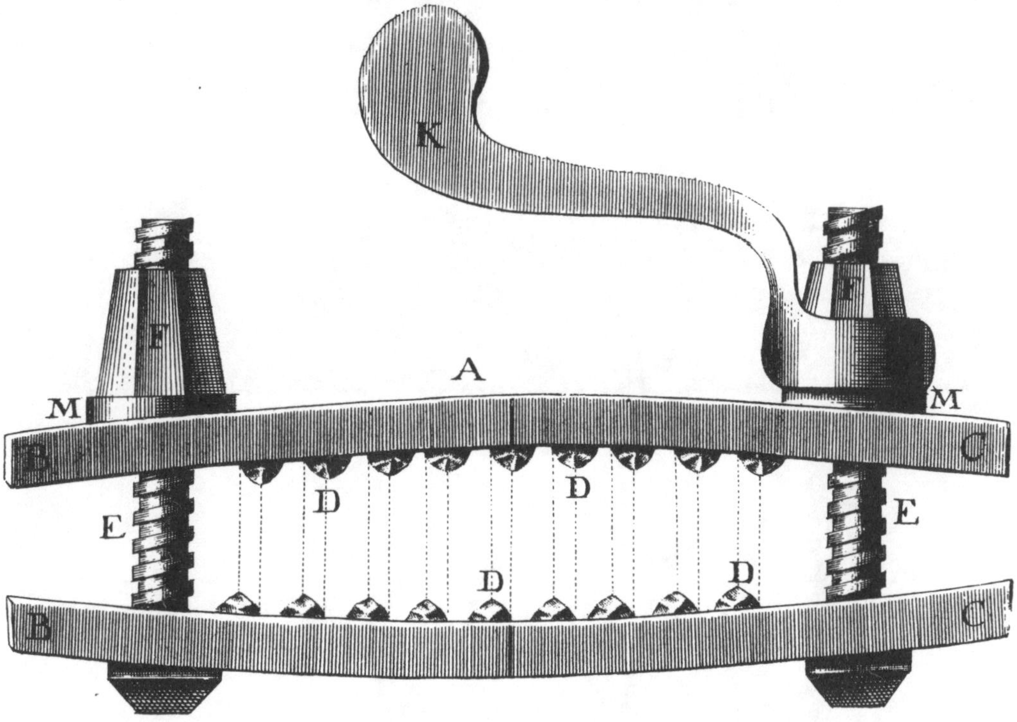

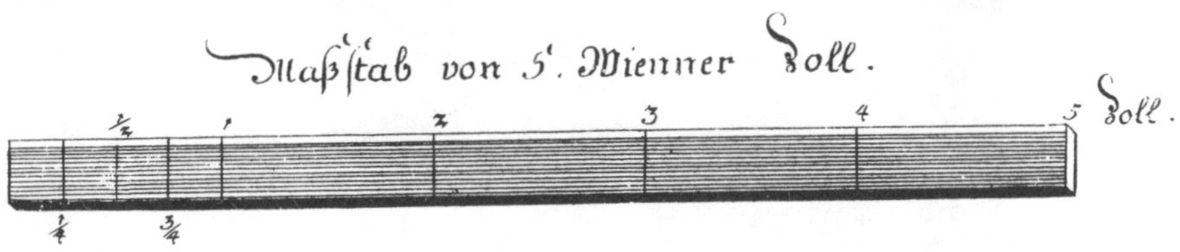

Erklärung der Buchstaben.

A. Die zur peinlichen Tortur gehörige Daumenstöcke.

B. C. Zwey flache Eisen, welche hier nach der Seiten, oder eigentlichen Dicke anzusehen kommen, die mit stumpfigen, und in Ecken zusammenlauffenden hervorstehenden Knöpfen D. dergestalt besetzet, daß die obere bey Uebersammenlegung denen unteren ausweichen, und nicht übereinander treffen.

E. Schraubenspindel } die die flache Eisen zusammen halten.
F. Schraubenmutter }

M. Ein kleiner etwas breiterer, als die Schraubenmutter, an selbe befestigter Ring, welcher als der Fuß, oder Basis der Schraubenmutter anzusehen, damit selbe genau auf der Fläche des oberen Eisen passen könne.

K. Der Schraubenschlüssel, mit welchem die Schraubenmutter F. an der Schraubenspindel E. angezogen, und die flache Eisen dadurch aneinander gedrucket werden können.

Das obere Eisen dieses peinlichen Instruments sub A. wird in Idée vorgestellet, als ob selbes auf beyden Seiten aufgehoben werde, damit man die innwendige Lage der Eisen, und der Knöpfen ersehen möge.

Figura I. Latus II.

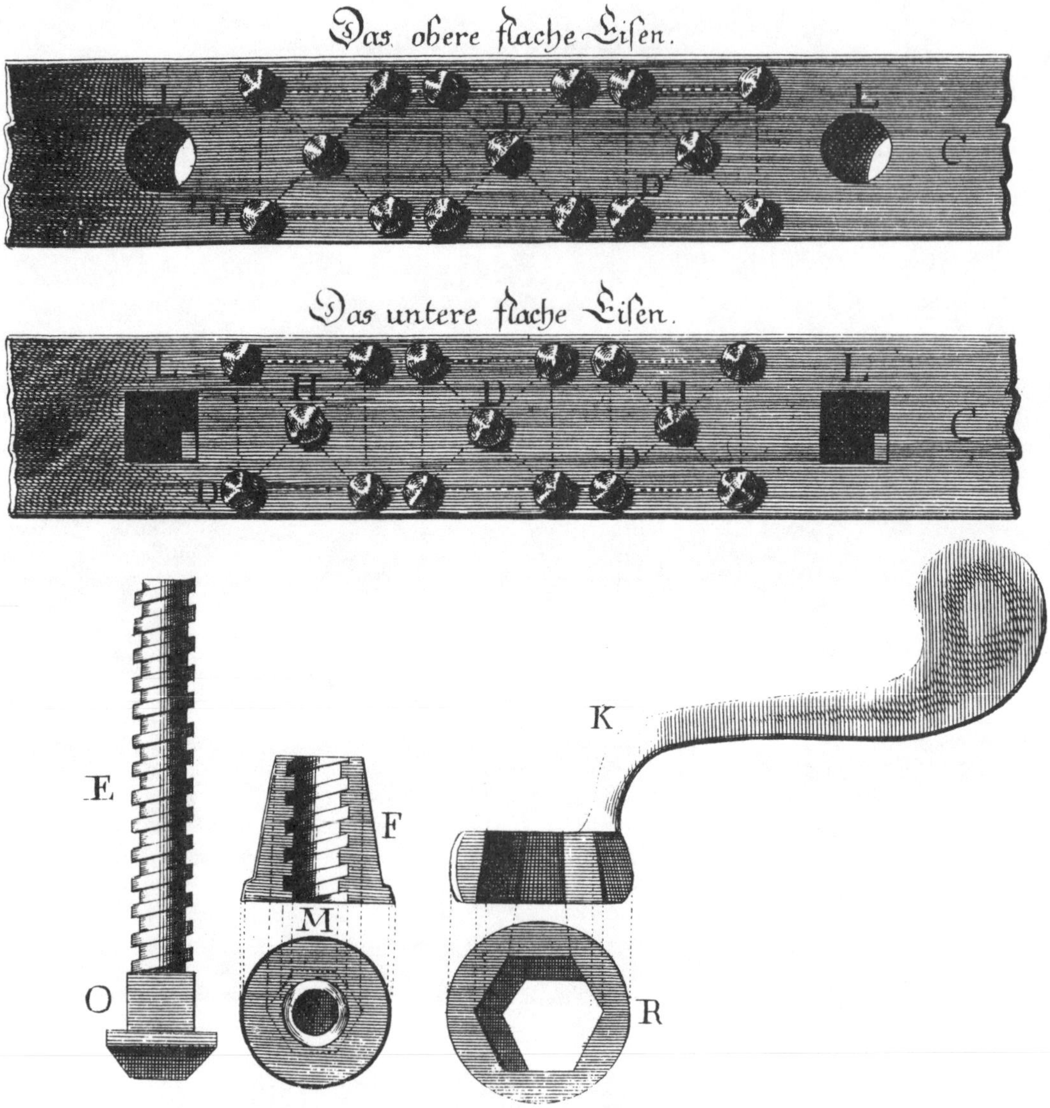

Erklärung der Buchstaben.

B. C. Zwey flache Eisen nach ihrer wahren Länge, und Breite, welche mit 15. stumpfigen, in Ecken zusammenlauffenden, und hervorstehenden Knöpfen D. dergestalt besetzet, daß die oberen bey Uebereinanderlegung denen unteren ausweichen.

H. Die Knöpfe, auf welche der Daumen, oder das erste Gelenke Phalanx dergestalt geleget wird, damit der Daumen noch zu bewegen.

E. Die Schraubenspindel, welche unten bey O. viereckicht, damit selbe durch das untere flache Eisen in L. durchgesteckter sich bey Umschraubung nicht bewegen könne, sondern fest anhalte.

F. Schraubenmutter im Durchschnitt anzusehen.

M. Der Fuß, oder untere eigentliche Grösse der Schraubenmutter.

K. Profil, oder Durchschnitt des Schraubenschlüssels.

R. Grösse vom unteren Theil des Schraubenschlüssels, welcher an die Schraubenmutter gestecket wird.

Die Dicke, und Grösse der Knöpfen, dann derselben Distanz, nicht minder die Breite, und Grösse der Löchern, durch welche die Schraubspindeln gestecket werden, ist ebenfalls in seiner wahren Wesenheit entworffen.

Figura I. Latus III.

Vorstellung auf was Weise, und auf welchem Platz des unteren flachen Eisen die Daumen des Inquisiten zu legen?

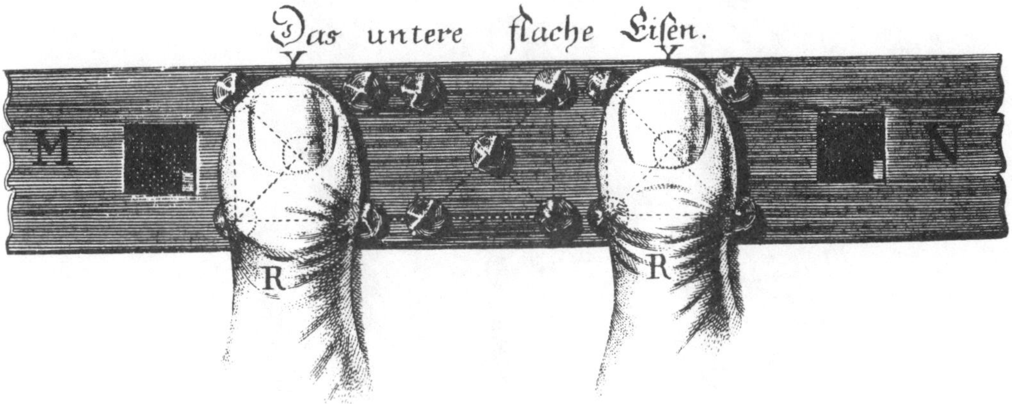

Erklärung der Buchstaben.

M. N. Das untere flache Eisen von den Daumstöcken, worauf der Ort angedeuter zu sehen, wohin die Daumen Y. zu legen sind.

R. Ende des ersten Glieds des Daumens.

Y. Die beyde Spitzen der Daumen.

Figura I. Latus IV.

Entwurff der Anlegung der Daumstöcken, mit den darzu nöthigen Personen.

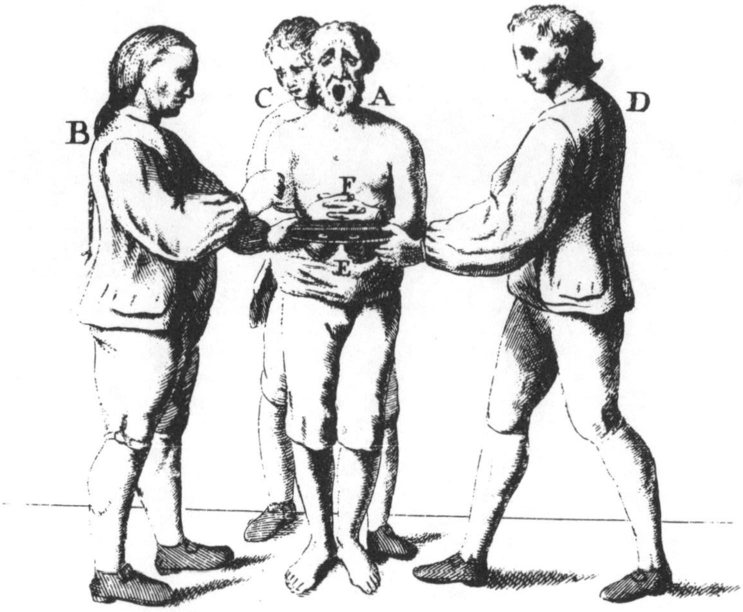

Erklärung der Buchstaben.

A. Der Inquisit, welchem dieser Grad der Tortur gegeben wird.
B. Der Scharffrichter, der mit einer Hand die Daumstöcke haltet, mit der anderen aber den Schraubenschlüssel, um die Eisen zusammen zu ziehen.
C. Der den Inquisiten ruckwärts haltende Henkersknecht, um die starke Bewegungen des Leibs zu verhüten.
D. Der andere Henkersknecht, welcher die Daumstöcke von der entgegen gesetzten Seiten des Scharffrichters haltet, damit selber um desto leichter zuschrauben könne.
E. Des Inquisitens Hände.
F. Des ruckwärts haltenden Henkersknecht C. seine beyden Hände.

Figura II. Latus I.

Der Grad der Schnürung.

Erklärung der Buchstaben.

A. Die in ihrer eigentlichen Grösse, und Gestalt auf dem Altstädter Prager Rathhaus vorbehaltene, und zur gewöhnlichen Tortur gehörige gegen 9. Faden dicke hanffene Schnur, welche 12. Niederösterreichische Ellen lang, und auf einem hölzernen Knebel B. aufgewickelt ist.

B. Der Knebel, worauf die Schnur aufgewickelt.

C. Die wahre, und nämliche Dicke der Schnur.

D. Der Knote der Schlingen, welcher gut zusammen gezogen werden muß, damit die Schnur nicht auseinander weichen könne.

Figura II. Latus II.

Eigentlicher Entwurff, der die Anlegung des Grads der Schnürung mit den benöthigten Personen vorstellet.

Erklärung der Buchstaben.

A. Sind beyde zusammen gelegte Hände.
B Ist das Knöchel bey dem Handgelenke.
C. Der Ort vor des Ellbogens Bug, wo die Schnürung aufhöret.
D. Carpus die Handwurzel, in welcher die Schnürung, oder Umschlingung der Schnur geschiehet folgender gestalten.

1mò. Des Inquisiten P. beyde Hände werden durch den vorwärts stehenden Henkersknecht E. in der Gleichheit zusammen gehalten, und ausgestrecket. 2dò. Um die Bewegung einzuschränken haltet der in K. stehende Henkersknecht den Inquisiten um den Leib; 3tiò. fasset der Scharffrichter F. mit der Schnur in dem Carpus, oder der Handwurzel unter dem Knöchel in dem Handgelenke, und zwischen beyden Juncturen (wo die Schnur die Haltung haben muß) die beyden Hände, welche Schlingung hier nicht sehr zusammen gezogen wird, weil dieses zur Verhütung einer Lähmungsgefahr wohl zu beobachten ist. Dann wird die Schnur X. von hier unter dem Knöchel um die blosse Arme auf ein Finger weit voneinander in der Tieffe nach Complexion lediglich bis C. vor dem Bug des Ellbogens, wo die beyde Armen zusammen stossen müßen, langsam herum gewunden, und jedesmal wohl angezogen, damit das Fleisch H. zwischen der Schnürung hervorsteigen thue.

Figura II. Latus III.

Entwurff der beyden zusammen gelegten Armen.

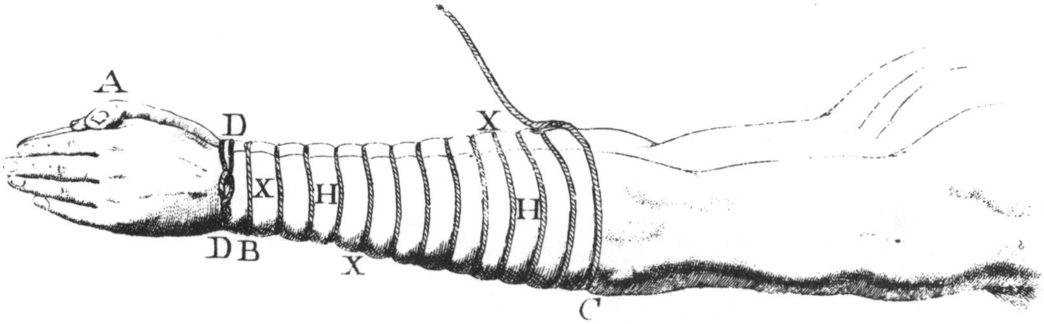

Erklärung der Buchstaben.

A. Die nöthige Zusammenfügung, und eigentliche Lage der Händen bey wirklich vorzunehmender Schnürung.
B. Knöchel der Händen bey dem Handgelenke, als welcher die Weichung der Schnur verhinderen muß.
C. Vor des Ellbogens Bug befindlicher Ort, in welchem die Schnürung aufhöret.
D. Gelenke der beyden Carporum, oder Handwurzeln, in welchen die Schnur fest gemacht wird, samt der behörig angelegten Schlingen.
H. Das zwischen jeder angezogenen Schnur hervorstehende Fleisch.
X. Die wirklich schon umwundene, und angezogene Schnur.

Figura III.

Latus I.

Entwurff der zur peinlichen Tortur nöthigen
Folter-Leiter
samt
Zeichnung deren hierzu gehörigen Stri-
cken, und Knebels, dann Vorstellung
des durch die ruckwärts gebundene
Hände zu dieser Peinigung bereit ste-
henden Inquisitens.

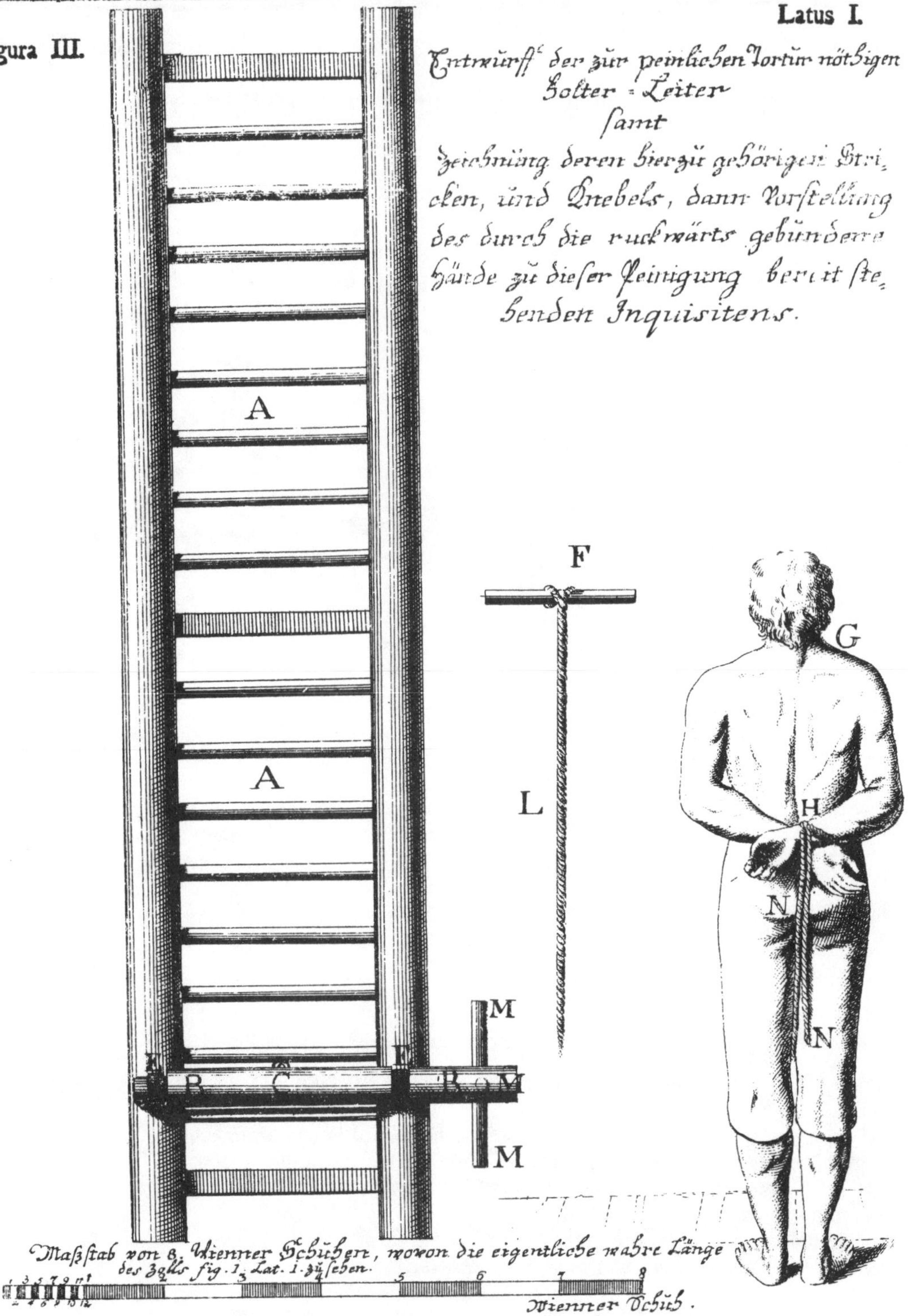

Erklärung der Buchstaben.

A. Die zur Folter nöthige Leiter nach ihrer Länge, Breite, samt Anzahl der Sprösseln entworffen, wie solche auf dem Prager-Altstädter-Rathhaus aufbehalten.
B. Die auf der Leiter horizontal liegende Walzen, worauf der Strick aufgewunden wird.
C. Der Hacken, in welchem der Strick befestiget wird.
M. Vier Handhebel, vermittelst welchen die Walzen umgedrehet, und dardurch der Strick aufgewunden werden kann.
E. Zwey eiserne Ringe, in welchen die Walzen an die beyde Leiterbäumer befestiget ist, so zwar. daß sich selbe nur rundherum bewegen lasse.
F. Der $\frac{3}{4}$. Ellen lange Knebel mit dem, einen starken Mannsdaumen dicken, daran befestigten Strick, welcher durch des Inquisitens zusammen gebundene Füße gestecket wird.
G. Der ruckwärts stehende Inquisit, mit den kreuzweis übereinander gebundenen Händen.
H. Die auf dem Rucken kreuzweis gebundene Hände.
L. Die Dicke des Stricks an dem Knebel F., welcher 6. Ellen lang.
N. Eigentliche Dicke des Stricks, womit des Inquisiten Hände gebunden, so 8. Ellen lang, und nach geschehener Bindung der Händen beyderseits 2. Ellen herabhanget.

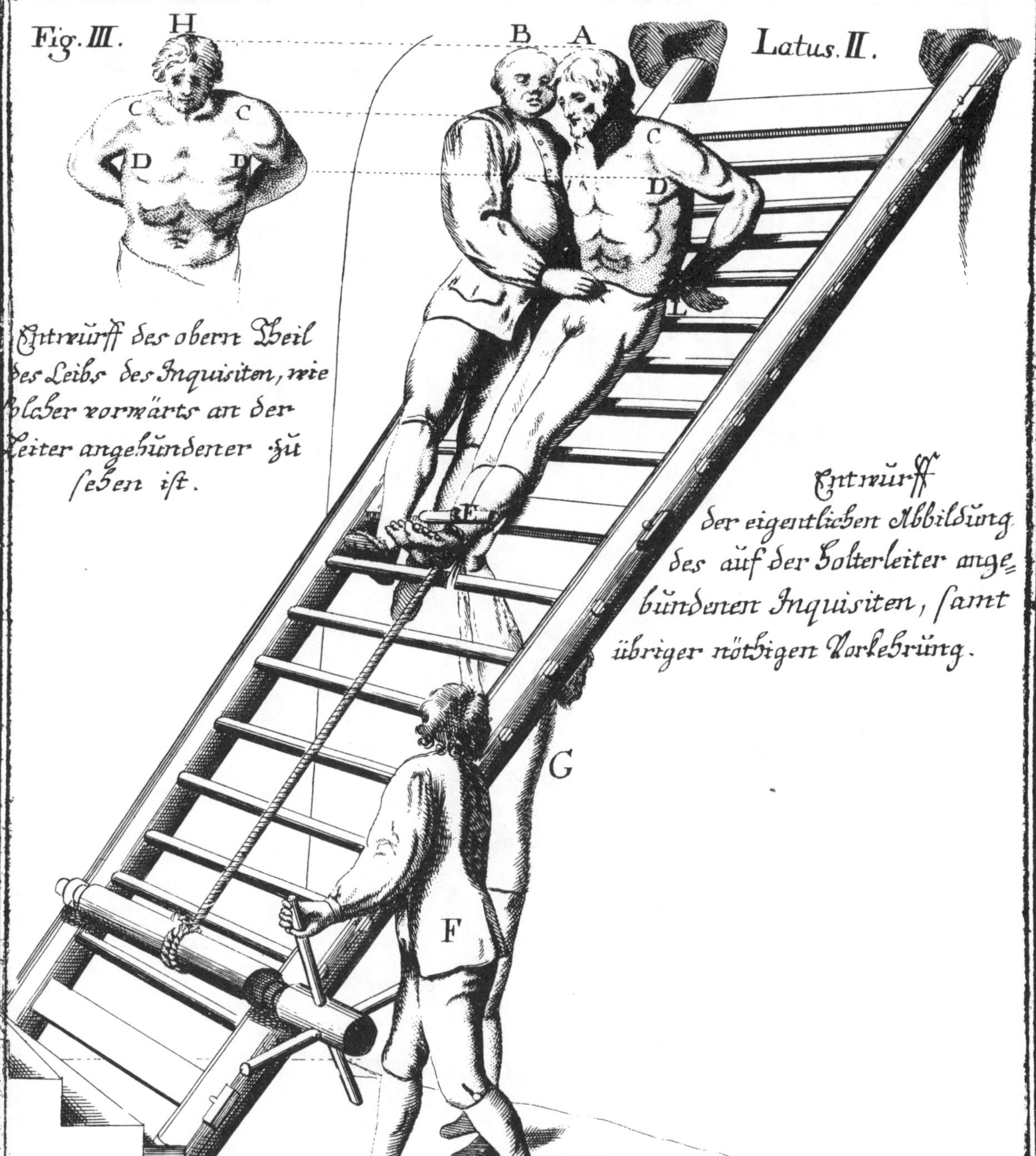

Erklärung der Buchstaben.

A. Der Inquisit, wie selber von der Seiten oberhalb den 5. Sprossen auf der Leiter angebunden zu sehen ist.
B. Der Scharffrichter, welcher zur Rechten des Inquisiten mit dem rechten Fuß auf der Leiter aufstehet, und den linken durch die Sprössel hinunter henkender hat.
C. Schulterhöhe, oder Summum humeri.
D. Die Flächsen des grossen Brust = Musculs, welcher die Achselhöhle K. mit = ausmachet.
E. Der durch die zusammen gebundene Füsse des Inquisiten durchgesteckte Strick mit dem daran befestigten, auf den Schienbeinen aufliegenden hölzernen Knebel.
F. Der die Walzen umdrehende Knecht.
G. Der andere Knecht, welcher des Inquisiten seine Füsse auswärts schiebet, damit sich die Fersen nicht an den Sprossen der Leiter stemmen können.
H. Der von forne anzusehende obere Leib des Inquisiten, mit C. der Schulterhöhen, und D. der Flächsen der grossen Brust = Musculn, wie selber auf der Leiter angebunden.
K. Achselhöhle.
L. Des Inquisiten angebundene Hände, welche Anbindung oberhalb des 5ten Sprössels geschehen.

Erklärung der Buchstaben.

A. Der Inquisit, wie selber in vollzogener Ausdehnung auf der Folterleiter zu sehen ist.
B. Der Scharffrichter, welcher die linke Hand unter des Inquisiten Rucken, die Rechte aber bey dem Bindel der Beinkleider festhaltet, damit selber nicht gähling bey geschehener Ziehung hinunter rutsche, und ihn zugleich währender Ziehung in den letzten Minuten hin, und her bewege, damit die Ausdehnung bis zu den vollkommenen Grad gleichförmig geschehe.
C. Schulterhöhe, Summum humeri.
D. Die Flächsen des grossen Brust-Musculs, welcher die Achselhöhle verdecket.
E. Der nach vollendeten Grad vorwärts anzusehende Inquisit.
F. Der die Walzen festhaltende Knecht.
G. Der ruckwärts stehende, und des Inquisiten Füsse vorwärts schiebende Knecht.
H. Der Inquisit, wie selber nach vollkommener Ausdehnung seitwärts anzusehen.
H. Die angebundene Hände des Inquisiten in allen drey Vorstellungen.
M. Die vier Handhebel am Ende der Walzen.
O. X. Die Höhe von der Erde bis zu dem Loch, wo die Leiter aufliegen muß, betragt 11. Schuh, 10. Zoll.

Figura IV.

Entwurff der in einen Buschen zusommengebundenen 8. Stück, zu den we.teren Grad des Feuers nöthigen Unschlittkerzen.

Latus I.

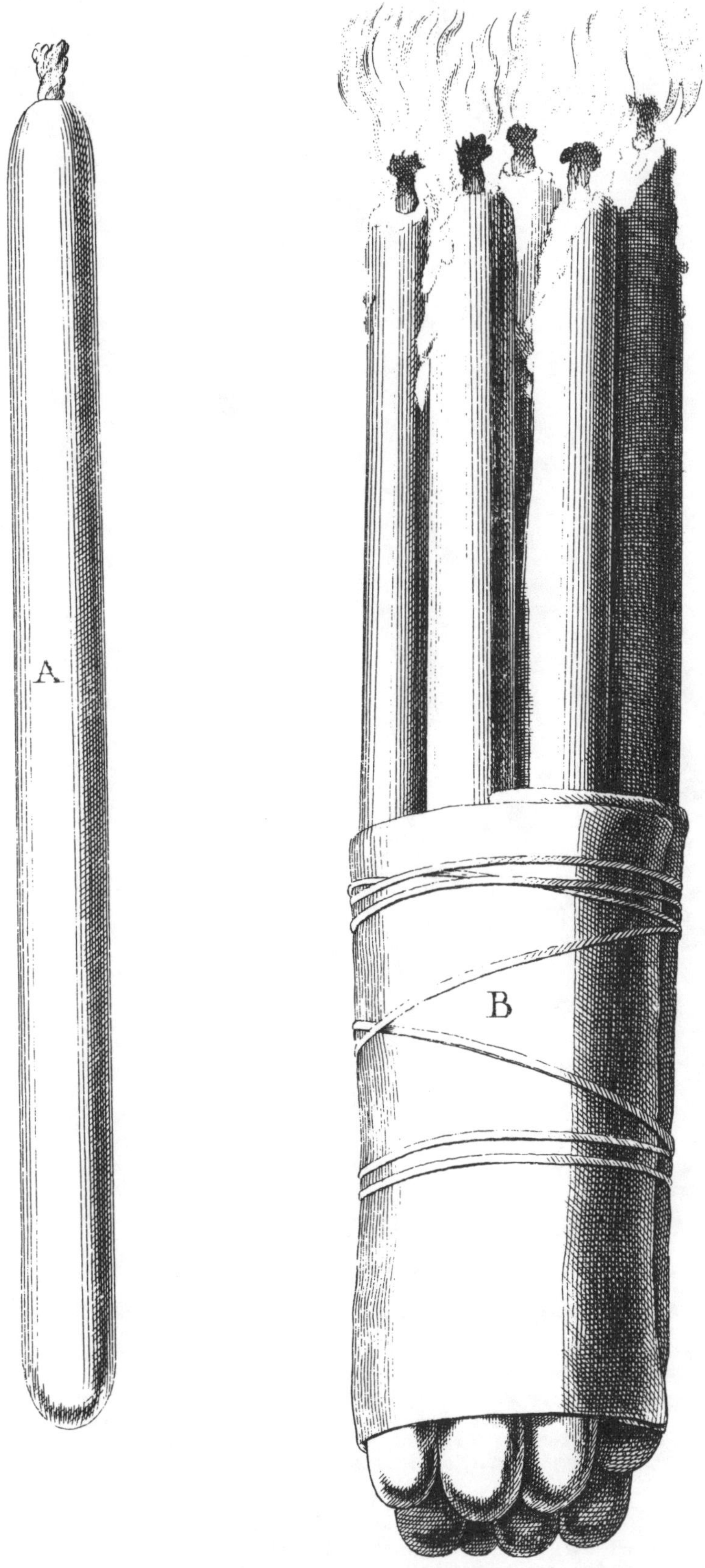

Erklärung der Buchstaben.

A. Eigentliche Grösse einer Unschlittkerzen, so 2 $\frac{1}{2}$ Loth schwer.

B. Ein aus 8. Stuck, wie Lit. A. zusammengebundener, und angezündeter Buschen Unschlittkerzen, so 20. Loth schwer, und zu diesen Grad des Feuers gehörig ist.

Erklårung der Buchstaben.

A. Der Inquisit, wie selber von der Seiten in vollzogener Ausdehnung bey diesem Grad des Feuers auf der Folter anzusehen kommet.
B. Der Scharfrichter, welcher also auf der Leiter stehet, daß selber des Inquisiten Füsse zwischen den seinigen habe, und mit dem rechten unten auf dem Sprossen aufstehet, mit dem linken Fuß aber auf der Sprossen kniet. In beyden Händen haltet er zwey angezündete Buschen Unschlittkerzen F. deren jeder aus 8. zusammen gebundenen Kerzen bestehet, und fahret mit selben dem Inquisiten auf die beyde Seitentheile der Brust, oder latera pectoris in der mittleren Gegend zwischen der Achsel, und der Weiche (oder Ilia) in die Rundung 3. bis 4mal beyderseits zugleich herum.
C. Die Achselhöhle, so von der ruckwärts gedrehten Schulterhöhe verdeckt.
D. Die Weichen, oder Ilia.
E. Die beyden Warzen, welche mit der Brennung verschonet werden müssen.
F. Die zwey angezündete, und etwas schief an den Leib des Inquisiten zuhaltende Buschen Unschlittkerzen, welche dergestalt angehalten werden müssen, damit die in den brennenden Buschen befindliche erste Kerzen mit dem Dacht an den Leib des Inquisiten angehalten, von denen übrigen aber die Flammen auf die zubrennende Theile frey spielen können; diese Brennung, so auf beyden Seiten gleichsam durch 3. runde Cirkeln L. vorgestellet, wird währender ausgesetzten Zeit der Peinigungsart 10. bis 11mal widerholet.
G. Der die Handhebel der Walzen fest haltende Knecht, damit sich selbe nicht umdrehe.
H. Der Inquisit, wie selber nach vollzogener Brennung seitwärts anzusehen ist.
K. Der von vorne anzusehende Inquisit nach vollzogener Brennung.
L. Die in allen 3. Vorstellungen A. K. und H. des Inquisiten gebrennte Flecke, oder Cirkeln.
M. Der ruckwärts stehende Knecht, der in Erforderungsfall die Lichter abbutzet.

Latus I.

latz eines anderen Reinigungs=
braüchenden, von aüßen anzü=
bstiefels.

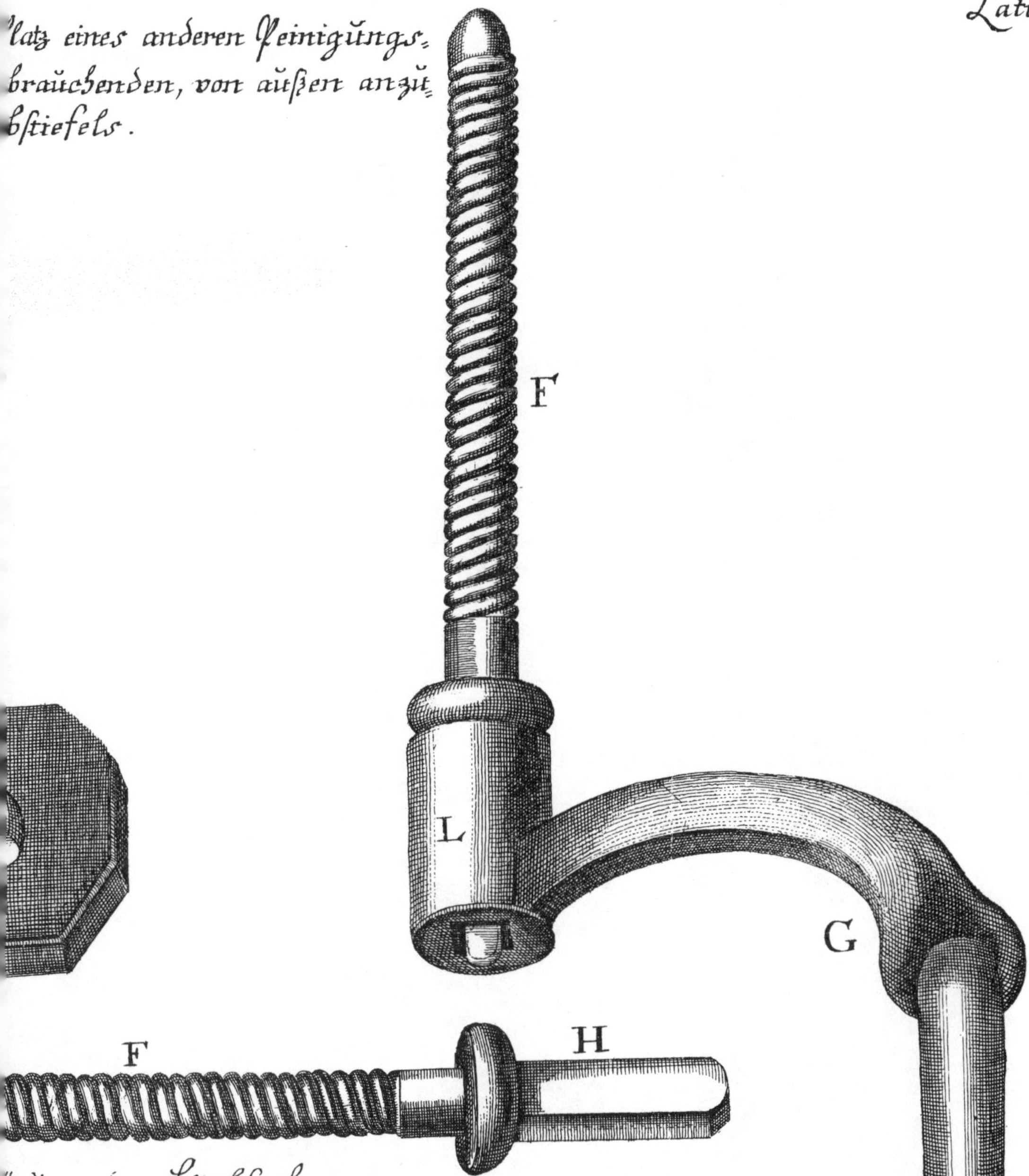

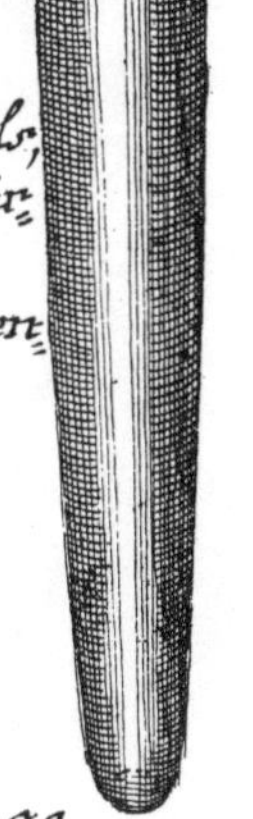

ürung der büchstaben

ende obere Theil des aüf den lincken Füß zülegen komenden Schraübstiefels,
mit zweÿen Qüerbänden C. beleget, in der Mitten aber mit einem etwas stär=
welches in dem oberen nür zweÿ ründe Löcher, in dem unteren aber die
chnitten sind. Der ganze Stiefel ist mit 29. bis 30. stümpfigen Knöpfen innen=
ier aüswärts nür die verniettüngen E. zü sehen sind.
f dem Schraübstiefel angemachte eiserne band.
der an beÿden Enden des Schraübstiefels.
her, dürch welche die Schraübenspindl F. gestecket wird.
er eisernen Knöpfen.
dl.
üssel, mit welchem beÿde Eisen aneinander gezohen werden.
r Schraübenspindel, an welchem die Hilsen L. des Schraübschlüssels ge=
ürch die Ümdrehüng verrichtet wird.
raübschlüssels.
beÿden Eisen, welche gleichsam den Wadl nach der Proportion des Füsses aüs=
erzeit aüswärts zülegen komen.

Fig V

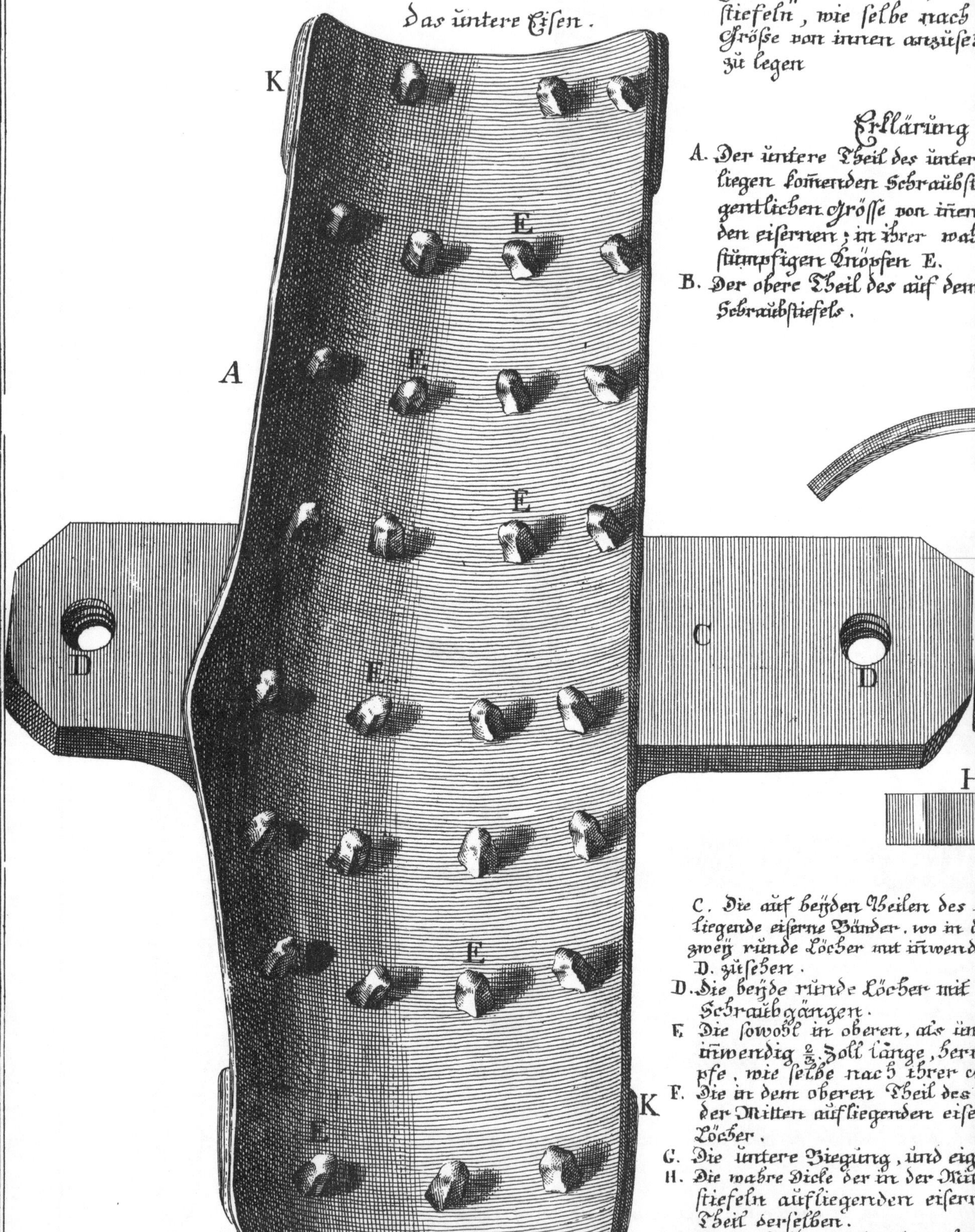

Entwürff des oberen , ünd
stiefeln , wie selbe nach
Grösse von innen anzüse
zü legen

Erklärüng

A. Der üntere Theil des ünter
liegen komenden Schraübst
gentlichen Grösse von inen
den eisernen ; in ihrer wah
stümpfigen Knöpfen E.

B. Der obere Theil des aüf dem
Schraübstiefels .

C. Die aüf beÿden Theilen des
liegende eiserne Bänder . wo in d
zweÿ ründe Löcher mit inwend
D. zü sehen .

D. Die beÿde ründe Löcher mit
Schraübgängen .

E. Die sowohl in oberen , als ün
inwendig $\frac{2}{3}$. Zoll länge , herr
pfe , wie selbe nach ihrer
F. Die in dem oberen Theil des
der Mitten aüfliegenden eise
Löcher .

G. Die üntere Biegüng , ünd eig

H. Die wahre Dicke der in der Mit
stiefeln aüfliegenden eisern
Theil derselben .

K. Die an beÿden Enden des ober
stiefels anliegende eiserne Bä

L. Die Aüsbiegüng der beÿden Ei
Proportion des Füsses aüsmac
legüng des Grads zü liegen kom

Latus II

ünteren Theils der Schraüb=
ihrer wahren, ünd eigentlichen
en sind, so aüf den linken Füß

der Büchstaben.

dem linken Füß des Inquisiten zü
iefels, wie selber nach seiner ei=
anzüsehen, samt den hervorstehen=
ren Lage von einander entfernten

linken Füß zü liegen komenden

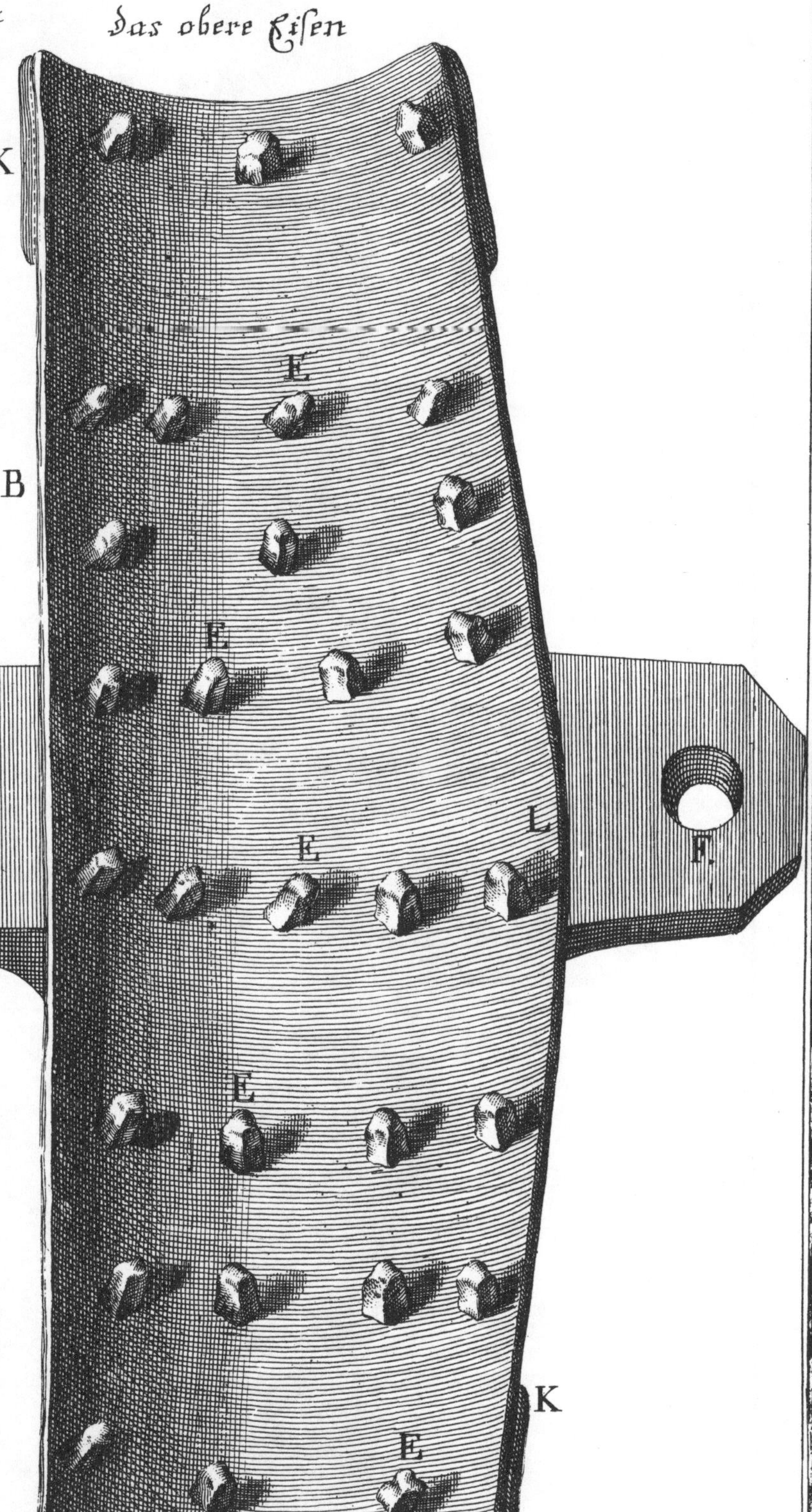

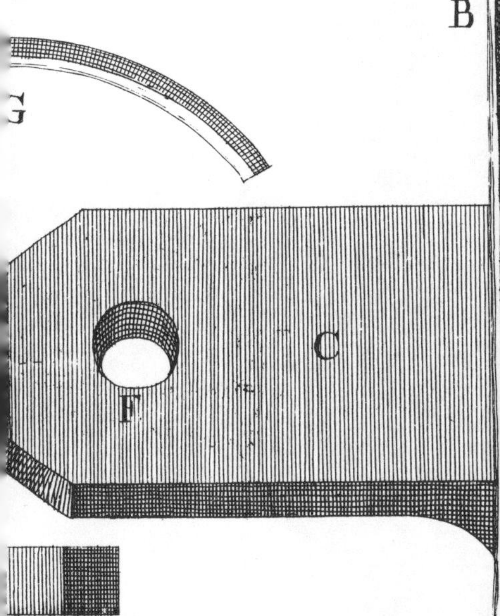

Schraübstiefels in der Mitten aüf=
em ünteren A. an beyden Enden
g eingeschnittenen Schraübgängen

hren inwendig eingeschnittenen

eren Theilen des Schraübstiefels
orstehende eiserne abgestützte Knö=
ahren Entfernüng eingesetzet sind.
Schraübstiefels B. am Ende der in
nen Ländern C. befindliche ründe

ntliche Dicke des Schraübstiefels.
en der beyden Theilen der Schraüb=
en Ländern an dem kürzen

en, ünd ünteren Theil des Schraüb=
der.
n, welche gleichsam den Wadl nach
en, ünd jederzeit aüswärts bey An=
en.

Figura. V.

Entwürff des an
Instruments züge
sehenden Schraü

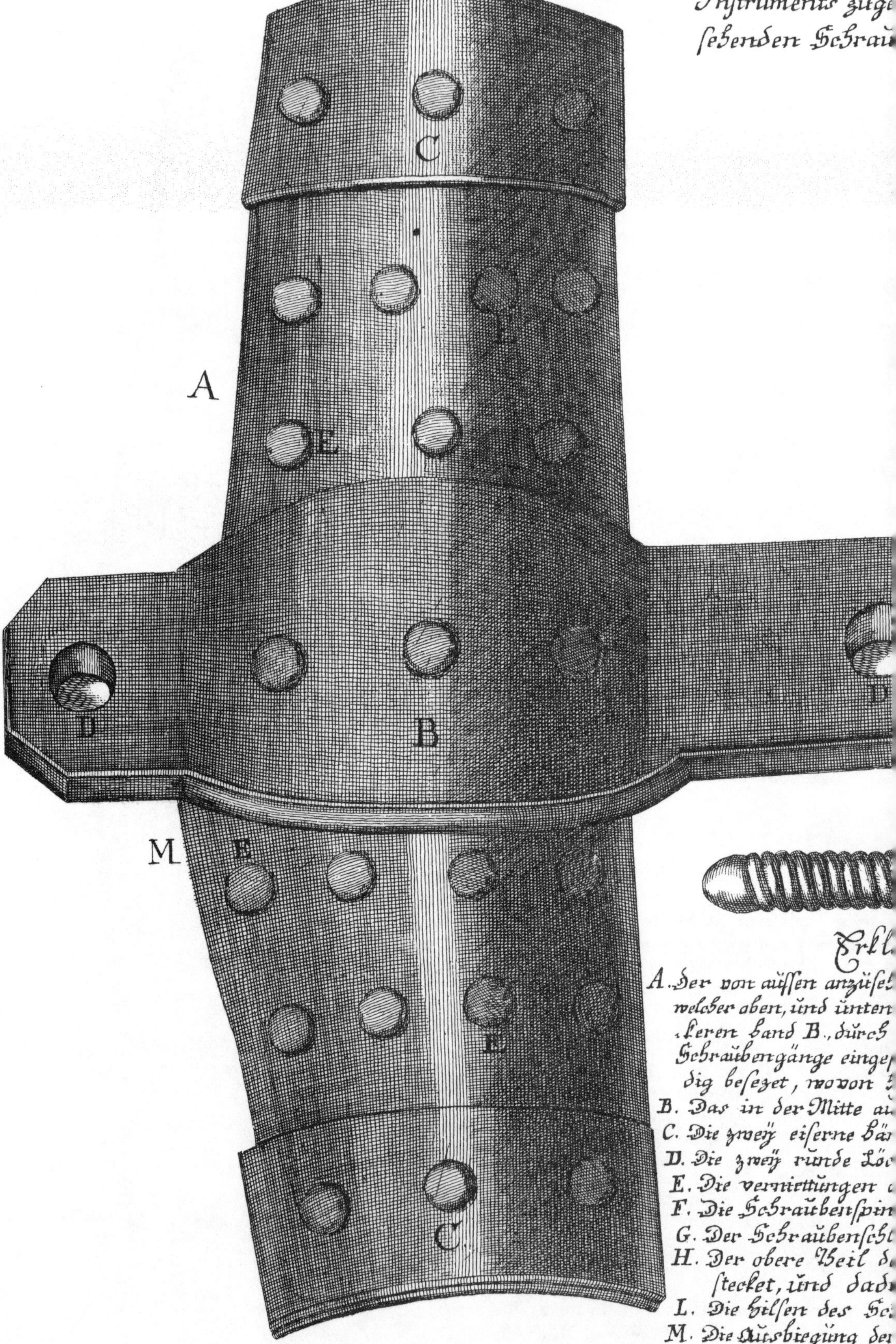

Erkl

A. Der von aüssen anzüse
welcher oben, ünd ünten
. keren band B., dürch
Schraübengänge einge
dig besezet, wovon
B. Das in der Mitte a
C. Die zweÿ eiserne bä
D. Die zweÿ runde Lö
E. Die vernietüngen
F. Die Schraübenspin
G. Der Schraübensch
H. Der obere Theil d
stecket, ünd dad
I. Die hilsen des Sc
M. Die Aüsbiegüng de
machen, ünd jed

Figura V.

Entwürff des oberen, und ü
stiefeln, wie selbe nach ihrer
Grösse von innen anzüsehen
Füß zü legen.

Das obere Eisen.

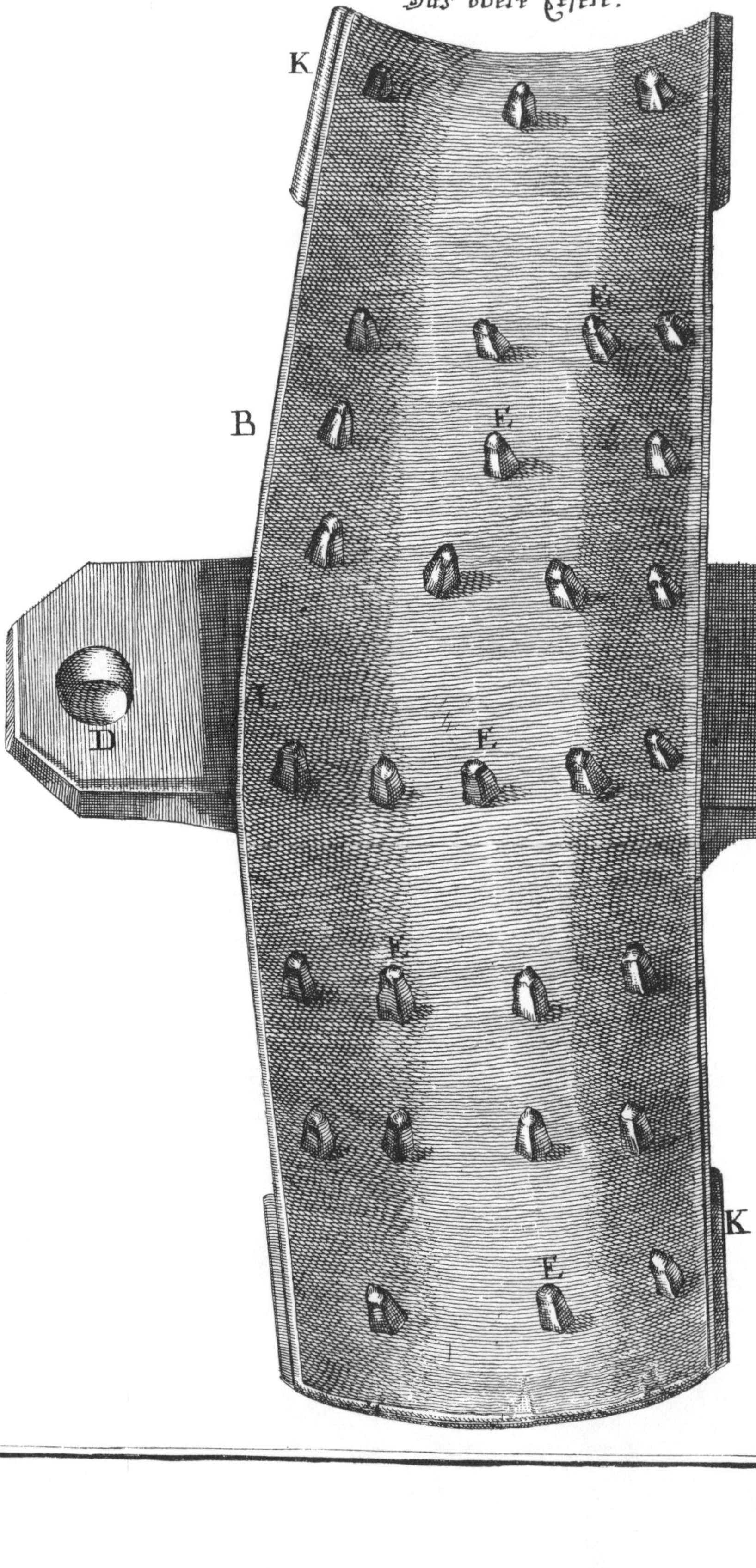

Erklärüng der

A. Der üntere Theil des ünter d
tens zü liegen komenden Schr
seiner eigentlichen Grösse von in
stehenden eisernen, in ihrer w
fernten stümpfigen Knöpfen
B. Der obere Theil des aüf dem
menden Schraübstiefels.
C. Die aüf beyden Theilen des Sc
aüfliegende eiserne bänder, wo i
Enden zwey ründe Löcher mit
Schraübgängen F. zü sehen.

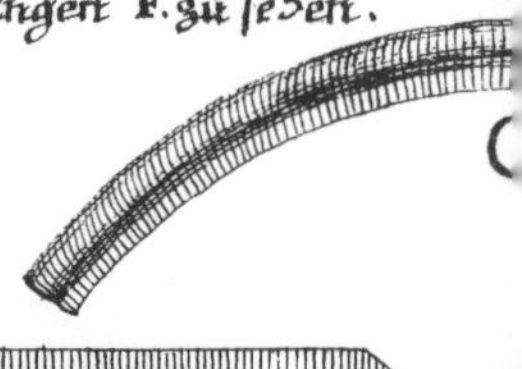

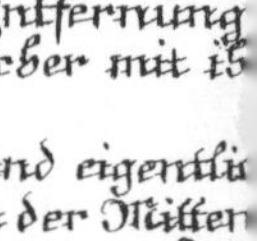

D. Die in dem oberen Theil des Schra
aüfliegenden eisernen Bändern C
E. Die sowohl in oberen, als ünter
dig ⅜. Zoll lange, hervorstehende
nach ihrer wahren Entfernüng
F. Die beyde ründe Löcher mit ih
gängen.
G. Die üntere biegüng, und eigentli
H. Die wahre Dicke der in der Mitter
feln aüfliegenden eisernen Bän
K. Die an beyden Enden des oberen,
anliegende eiserne Bänder.
L. Die Aüsbiegüng der beyden Eisen,
portion des Füsses aüsmachen, ü
des Grads zü liegen komen.

Latus III.

nteren Theils der Schraub-
wahren, und eigentlichen
und, so auf den rechten

uchstaben.
m rechten Fuß des Inquisi-
aubstiefels, wie selber nach
n anzusehen, samt den hervor-
ahren Lage voneinander ent-
E.
rechten Fuß zu liegen kom-

hraubstiefels in der Mitten
dem unteren A. an beyden
iuwendig eingeschnittenen

das untere Eisen.

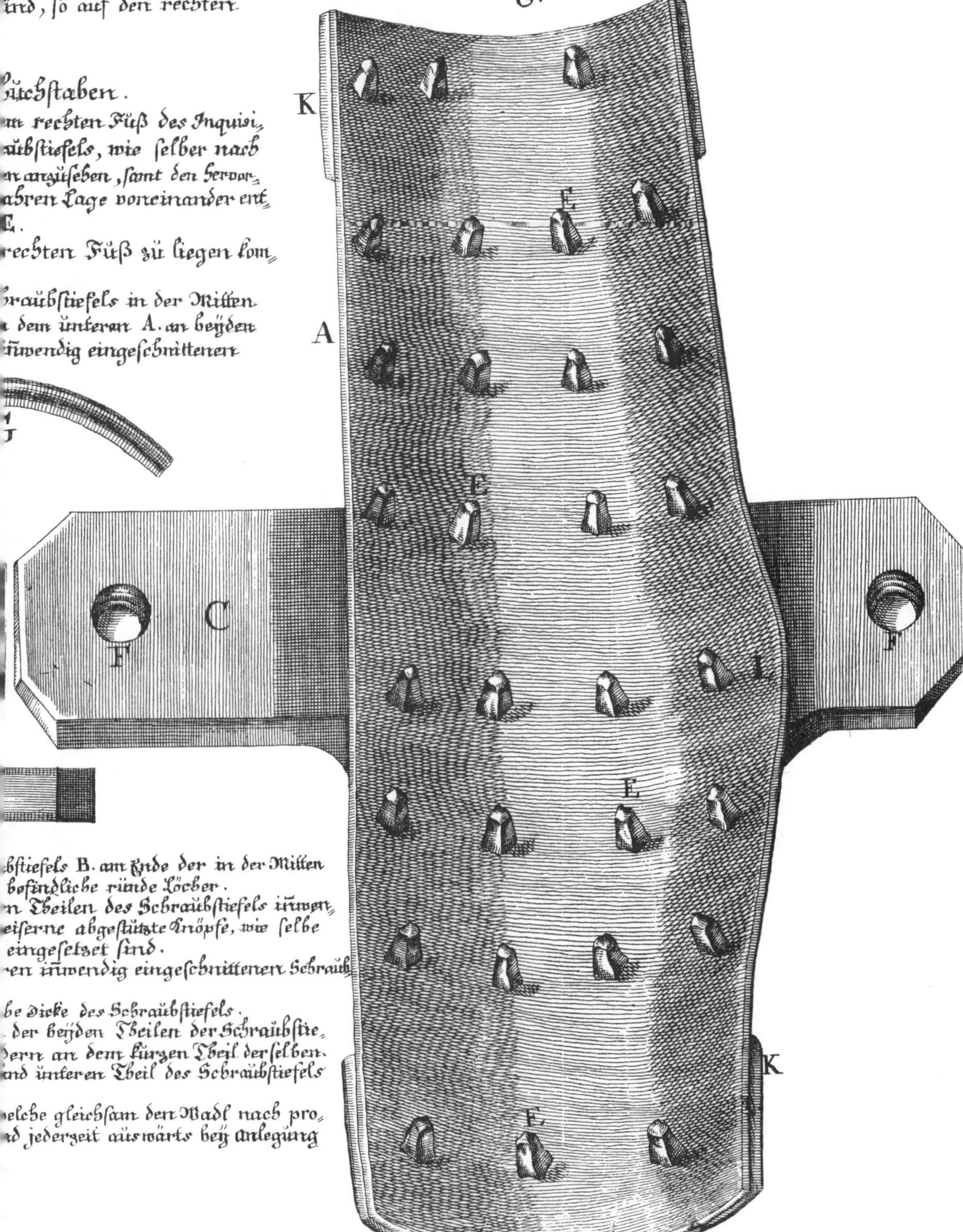

bstiefels B. am Ende der in der Mitten
befindliche runde Löcher.
n Theilen des Schraubstiefels inwen-
eiserne abgestutzte Knöpfe, wie selbe
eingesetzet sind.
en inwendig eingeschnittenen Schraub-

be Dicke des Schraubstiefels.
der beyden Theilen der Schraubstie-
dern an dem kurzen Theil derselben.
nd unteren Theil des Schraubstiefels

welche gleichsam den Wadl nach pro-
d jederzeit auswärts bey Anlegung

Figura V. Latus IV.

Entwurff der Anlegung der Schraubstiefeln.

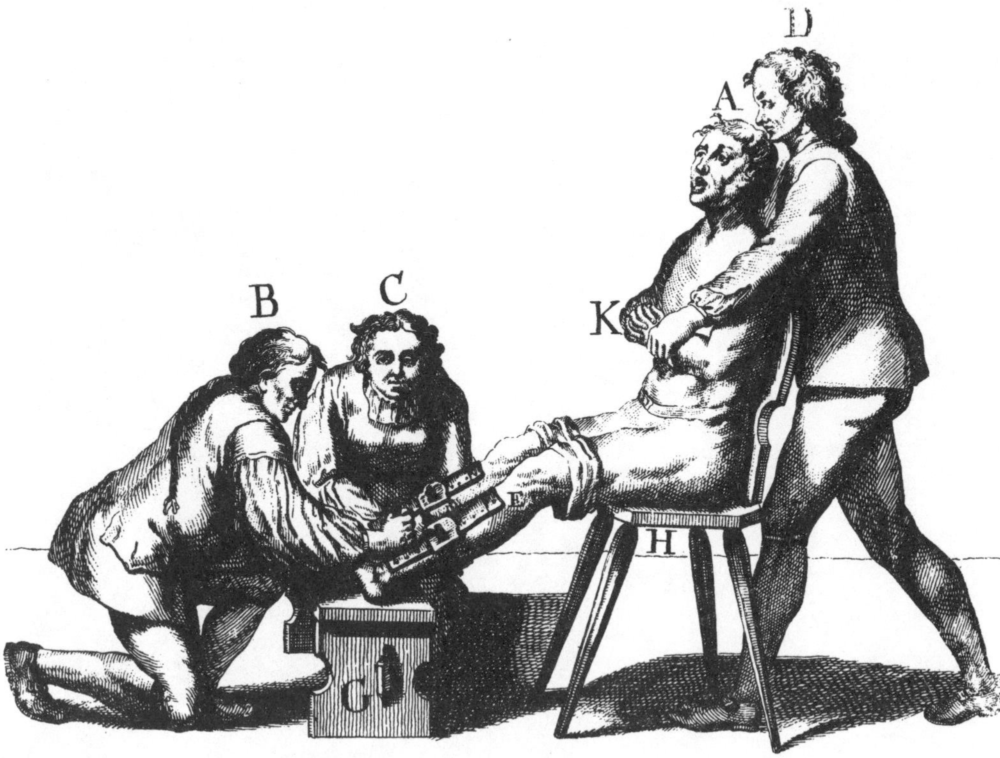

Erklärung der Buchstaben.

A. Der auf einem Stuhl H. sitzende Inquisit.
B. Der Scharffrichter, welcher mit der linken Hand den Fuß des Inquisiten haltet, mit der rechten aber den Schraubenschlüssel umdrehet, und dadurch die beyden Theile der Schraubstiefeln aneinander ziehet.
C. Der neben der linken Seiten des Scharffrichters knieende, und dem Inquisiten seinen rechten Fuß in der Lage haltende Knecht.
D. Der hinter dem Inquisiten stehende Knecht, welcher demselben die beyden Hände auf der Brust kreuzweis zusammen haltet.
E. Der Ort, wo die Anlegung des oberen Eisens, so einen starken Mannszoll tief unter der Kniescheiben geschehen muß, weil ansonsten, sofern das Eisen an der Kniescheiben zu liegen kommet, das Band der Kniescheiben, oder Ligamentum patelæ gedrucket würde, wodurch die Articulation des Knies selbsten Gewalt leidete, folglich eine Extravasation in der Höhle der Knie-Articulation entstünde, wodurch eine Steiffigkeit, oder Anchylosis erfolgete.
F. Der Ort oberhalb dem Knöchel, wo das End der Eisen aufzuliegen kommet.
G. Eine halbe Ellen hohes Schammerl, worauf die beyden Füsse des Inquisiten vorwärts gerad ausgestreckter mit den Fersen aufzuliegen kommen.
H. Ein Lehnstuhl, so eine Ellen hoch ist.
K. Die beyden Hände des Inquisiten, so von dem ruckwärts stehenden Knecht D. zusammen gehalten werden.

J. A. Delsenbach del. et sculp. Viennæ 1719

Prospect der Stadt Wien vor dem Kärntner-Thor. Vüe de la Ville de Vienne hors de la Porte de Carinthie.

1. St. Steffan
2. St. Anna
3. Franciscaner
4. Kayserl. Burg
5. Augustiner
6. St. Michael
7. Minoriten
8. St. Peter
9. untern Jesuiter
10. Dominicaner
11. Schotten-Kirche
12. Frauen Closter bey St. Jacob / Jacoberinnen
13. Kärntner Thor
14. der Müntz oder Wasser-Thurn
15. Stuben Thor
16. Der Tandel Marckt
17. Fluß die Wien genant
18. der Khalenberg

Numerus IV^tus.

ad Articuli XXXVIII^vi §^phum XVII^mum.

Abschilder- und Erklärung

der

Peinigungsarten, wie selbe in der kaiserl. königl. Residenzstadt Wienn bey dem kaiserl. königl. Stadt- und Landgericht vorgenommen zu werden pflegen.

Figura I. Latus I.

Der Daumschraube, oder sogenannte Daumstock.

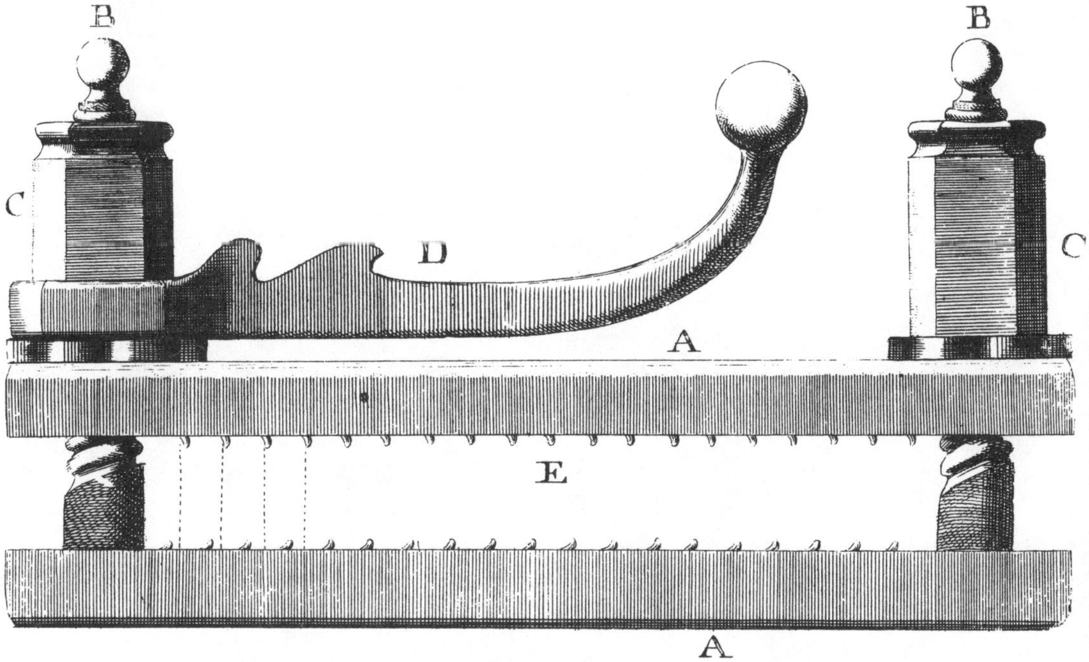

Maßstab von einem halben Wiener-Schuh.

Erklärung der Buchstaben.

A. Zwey flache 6¾tel Zoll lange, und ¼ Zoll dicke Eisen, die hier nach der Seite anzusehen.
B. Die zwey Schraubenspindeln.
C. Die Schraubenmütter.
D. Der Schraubenschlüssel, womit die Schraubenmütter wechselweis an den Schraubenspindeln angezogen werden, und andurch das obere flache Eisen auf das untere herabgedrucket wird.
E. Die in beyden flachen Eisen einwendig aufgehauene, bey einem starken Messerrucken hohe stumpfe Zähne, die nicht aufeinander, sondern nebeneinander einbeissen, oder wovon die obere den unteren ausweichen.

Figura I. **Maßstab von 6. Wienner Zoll.** Latus II.

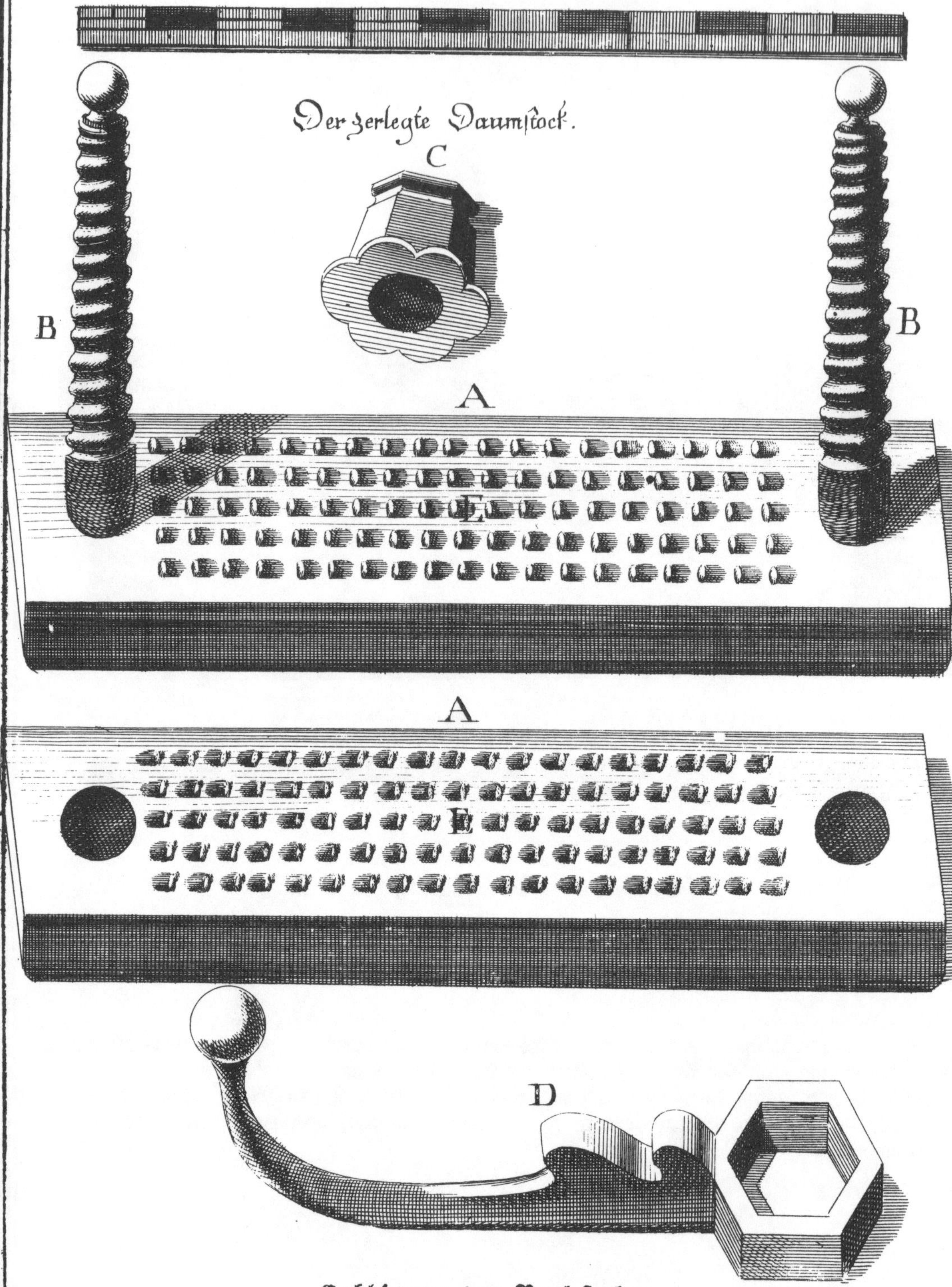

Erklärung der Buchstaben.

A. Die zwey flache $1\frac{3}{8}$. Zoll breite Eisen, wie dieselbe einwendig anzusehen.
E. Die in solchen gleich einer groben Raspel aufgehauene, durch Ueberfeilung ihrer Spitze, und Schärffe aber stumpf gemachte Zähne.
B. Die in dem unteren Eisen verfestigte Schraubenspindeln.
C. Die Schraubenmucter }
D. Der Schraubenschlüssel } beyde in ihrer wahren Grösse, und Wesenheit.

Figura I. Latus III.

Die Einlage der Daumen.

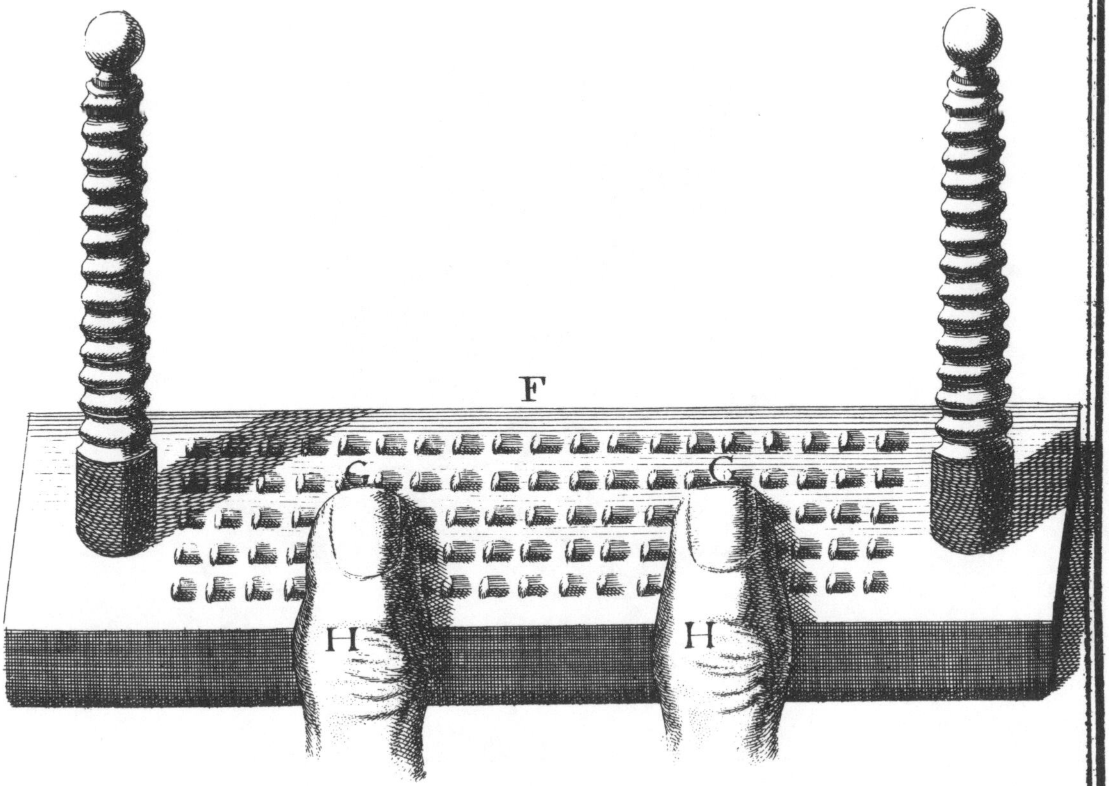

Erklärung der Buchstaben.

F. Das untere flache Eisen.
G. Der Ort, wo die Daumen eingelegt zu werden pflegen.
H. Das erstere Glied des Daums, bis an welches, und nicht weiters die Daumen eingeleget werden.

Figura. I. Latus IV.

Vorstellung der eigentlichen Anwendung des Daumstockes, mit den hierzu nothigen Personen.

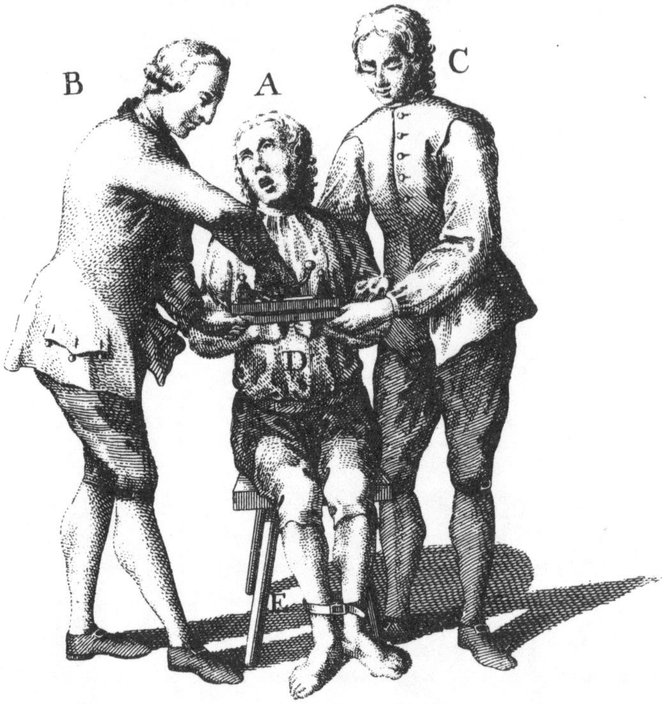

Erklärung der Buchstaben.

A. Der Inquisit, auf dem gleich hiernach des mehreren entworffenen Bankel, oder Schammel sitzend.
B. Der Freymann, der mit der linken Hand den Daumstock an einem Ende haltet, mit der anderen aber mit dem Schraubenschlüssel beyde flache Eisen wechselweise an den Schraubspindeln immer mehr, und mehr zusammen schraubet.
C. Der Freymannsknecht, welcher mit dem rechten Arm den Inquisiten an den Schultern, und mit der linken Hand den Daumstock bey dem anderen Ende haltet.
D. Des Inquisitens Hände.
E. Ein Riem, womit dem Inquisiten die Füsse zusammen geschnallet sind.

Figura II. Latus I.

Die zur Schnürung gehörige Erfordernissen.

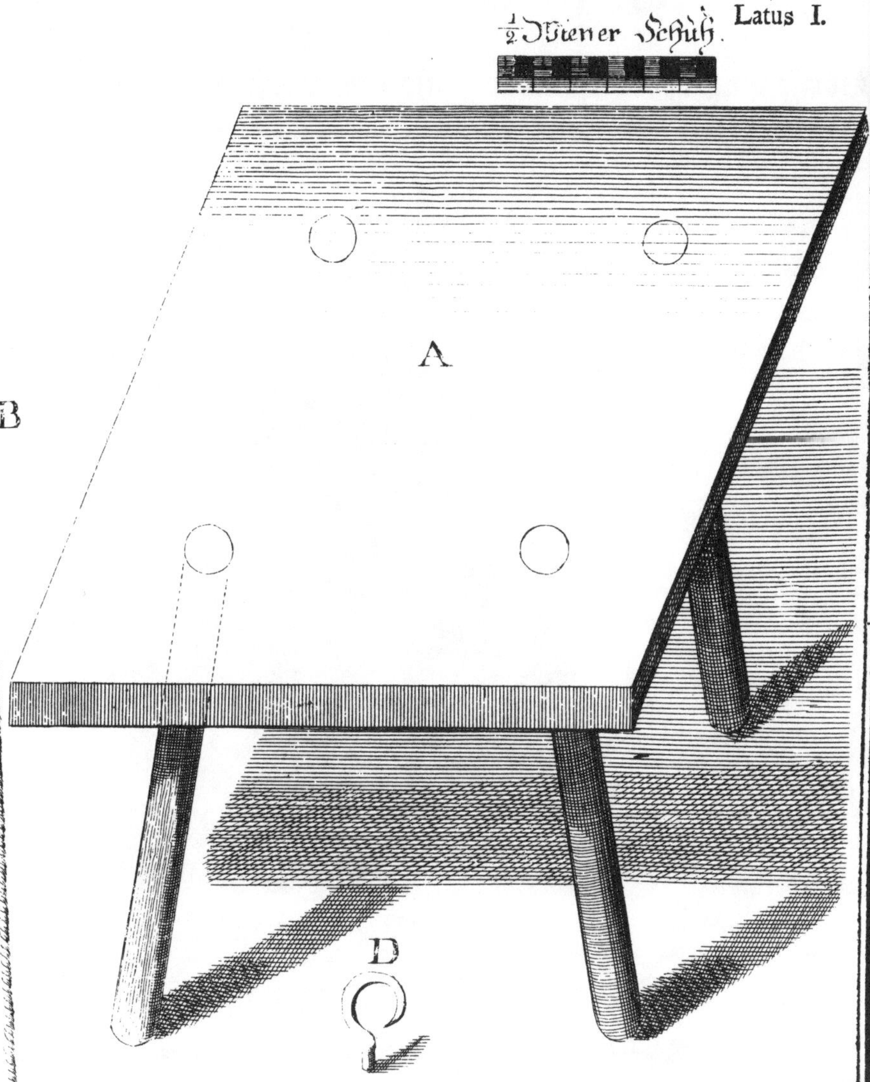

Erklärung der Buchstaben.

A. Das Bankel, oder der Schammel, worauf der Inquisit sowohl bey Anlegung des Daumstockes, als auch der Schnüren sitzet.

B. Eine in ihrem Durchschnitt $\frac{1}{4}$tel, in ihrer ganzen Umnaße aber $\frac{3}{4}$ Zoll dicke, 12. fädige Schnur vom besten Hanff, wovon der hieran sich zeigende Glang einen halben Schuh, und von solchem an der kürzere Theil dieser Schnur 3. Schuhe 1. Zoll, der längere aber 3. Schuhe 10. Zoll lang ist.

C. Die an beyden Enden dieser Schnur fest angeknüpfte Knebeln, die dem Freymann zum anziehen dienen.

D. Ein in der Erde, oder in dem Fußboden verfestigter eiserner Hacken, in welchem der Glang von der Schnur eingehenket wird.

Figura II. Latus II.

Vorstellung der Schnürung mit den hierzu erforderlichen Personen.

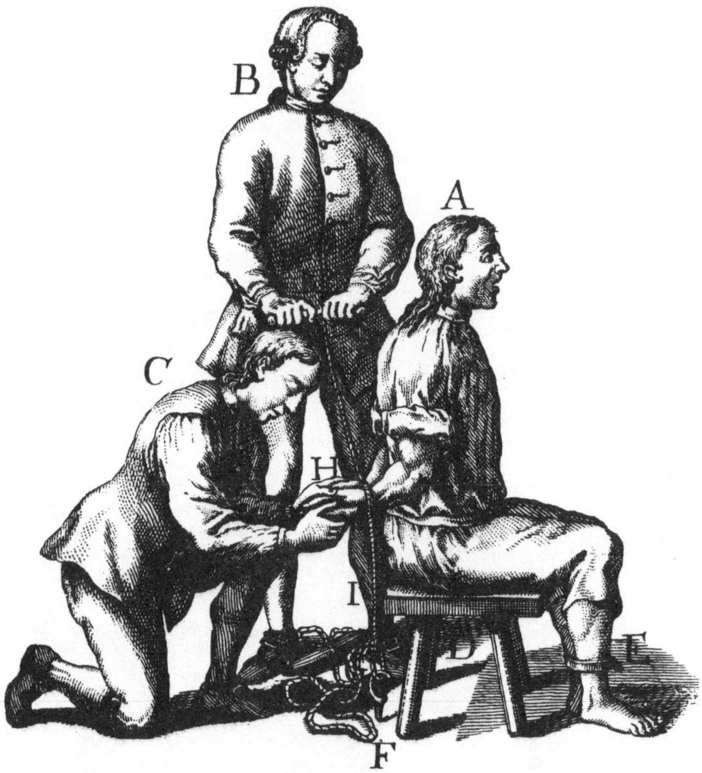

Erklärung der Buchstaben.

A. Der Inquisit.
B. Der Freymann.
C. Der Freymannsknecht.
D. Der Schammel, oder das Bankel, worauf Inquisit sitzet.
E. Der Riem, womit dem Inquisiten beyde Füsse zusammen geschnallet sind.
F. Der in dem Fußboden verfestigte eiserne Hacken.
G. Der Glang von der Schnur, wie er in dem Hacken eingehenket ist.
H. Des Inquisitens beyde Hände, wie selbe von dem Freymannsknecht auf dem Rucken mit der Oberfläche zusammen geleget, und während der Schnürung, um andurch einen mehreren Schmerzen zu verursachen, bisweilen eine in etwas auf die andere abwärts schiebend beweget werden.
I. Die Schnur, welche mit dem Glang in dem Hacken eingehenkt - gespannter über die Juncturen beyder Händen angeleget ist.
K. Der Knebel, bey welchem der Freymann mit beyden Händen die Schnur anziehet, und zuweilen wieder in etwas nachlasset.

Figura II. Latus III.

Sichtbarer Entwurff der mit der Schnur belegten Händen.

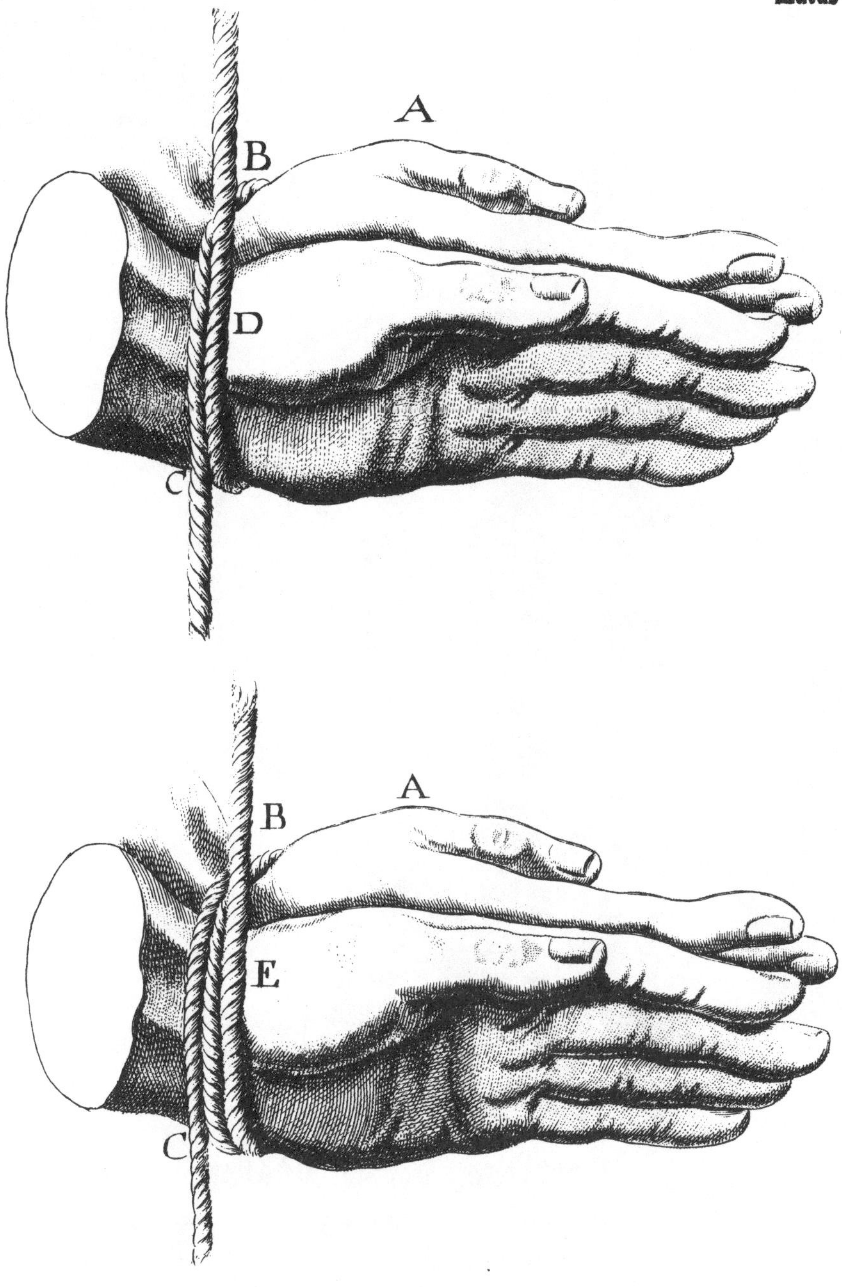

Erklärung der Buchstaben.

A. Die Zusammenfügung der Händen dergestalten, daß die Oberfläche beyder Händen einwärts zusammen, und die Ballen auswärts kommen.
B. Die Gelenke beyder Hände, worüber die Schnur lieget.
C. Die Knöchel bey den Handgelenken, welche die Weichung der Schnur verhinderen, und also nicht selbst mit der Schnur beleget werden müssen.
D. Der erste Band mit einfacher Anlegung des kürzeren Theils der Schnur.
E Der zweyt- und dritte Band mit zweymaliger Umschlingung des längeren Theils der Schnur.

Figura III. | Latus I.

3. Wienner Schuh.

Die Folter, oder Machine zum Aufziehen, und Recken in der Luft, nebst den darzu gehörigen Gewichtern.

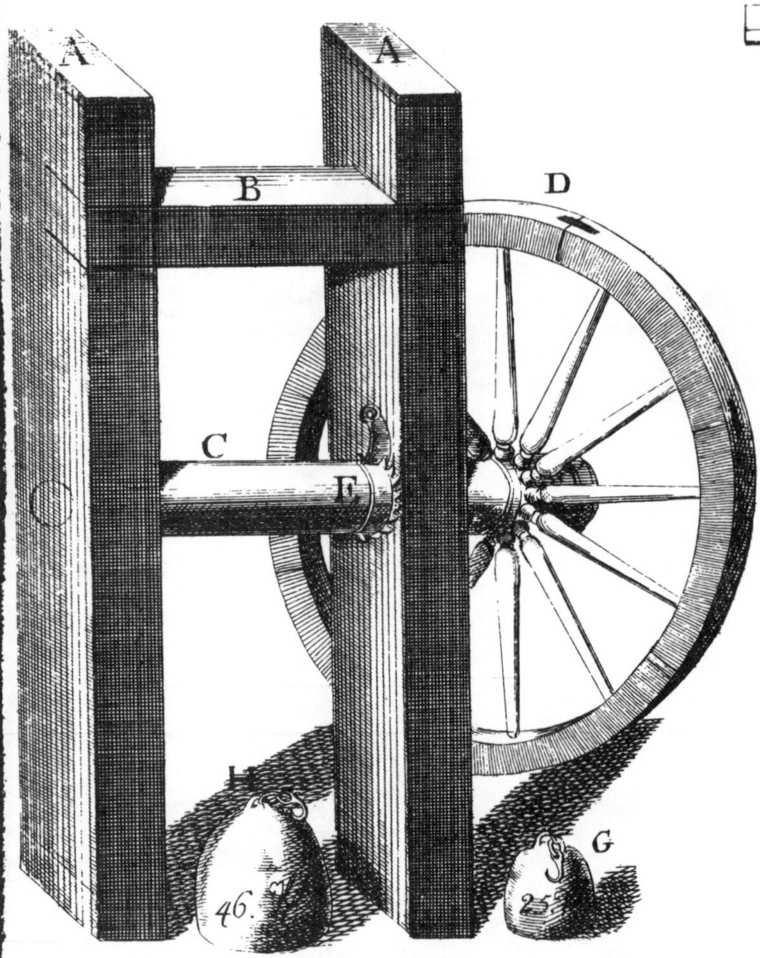

Erklärung der Buchstaben.

A. Zwey 7. Schuhe 2. Zoll hohe, 11. Zoll breite, und 6½. Zoll dicke in der Erde verfestigte, und 2. Schuh 1½. Zoll von einander stehende Lerchbaumene Pfosten.

B. Ein ½ Schuh dicker, und eben so breiter eingefalzter Zwergpfosten.

C. Eine in ihrem Durchschnitt 7½. Zoll, in ihrem ganzen Umfang aber 22½. Zoll dicke Walze eben von Lerchbaumholz.

D. Das Rad von Eichenholz, womit die Walzen herumgetrieben wird, woran die Felgen mit eisernen Klampfen zusammengeheftet sind.

E. Ein um die Walze verfestigt-starkes Eisenblech mit aufgebogenen, schrems eingefeilt-gespitzten Zähnen.

F. Ein mit einem starken Nagel loder angeheft-bey 2. Zoll breites, in etwas gebogenes Eisen, welches in erstbemeldte Zähne einfallet, und die Walze, wenn solche nicht geflissentlich umgetrieben wird, unbeweglich haltet.

G. Ein 25. Pfund schwer-steinenes Gewicht. } mit ihren mit Bley eingegossenen eisernen Ringen, und
H. Ein grösseres 46. Pfund schweres detto. } Häcken.

Figura III. Latus II.

Die Aufzugs-Machine zerlegter mit anderweiten Zugehörungen.

Erklärung der Buchstaben.

I. Die zwey in den Seitenpfosten ausgestemmte Löcher, in welche die Walze eingeleget wird.

K. Der viereckicht zugeschnittene hölzerne Walzensteften, woran das Rad gestecket wird.

L. Das viereckichte Loch in der Nabe des Rads, in welches der Steften der Walzen fest passen muß, damit nicht das Rad, sondern die Walze sich umdrehet.

M. Ein in der Nabe des Rads, und Walzensteften eingestemmt-kleines Loch, wodurch das Rad zu desto mehrerer Verfestigung mit einem eisernen Nagel angeheftet wird.

N. Ein in der Walzen verfestigt starker eiserner Rundnagel, an welchem ein am Ende des Aufzugsseils wohl gemachter Glang eingehenket, und durch dessen Anhaltung das Seil auf die Walzen gewunden wird.

O. Das Aufzugseil, welches 8. Klafter lang, und in ihrem Durchschnitt 1 $\frac{1}{2}$. Zoll dick ist.

P. Der an sothanem Seil befindliche eiserne Hacken, der dem Inquisiten an den zusammen gebundenen Händen eingehenket wird.

Q. Ein zwey Schuhe langer Glang von einer im Durchschnitt $\frac{3}{8}$. Zoll dicken hanffenen Schnur, dergleichen zwey erforderlich sind, deren einer zwischen die dem Inquisiten mit einem anderen Strick zusammen gebundene Hände, und der andere zwischen die eben schon zusammen gebundene Füße über den Bund dergestalten eingeleget wird, daß ein- so anderer einen doppelten Glang formiret, und in jenem Doppelglang an den Händen der Hacken von dem Aufzugseil, in dem an den Füssen aber die Häcken von den steinernen Gewichtern eingehenket werden können.

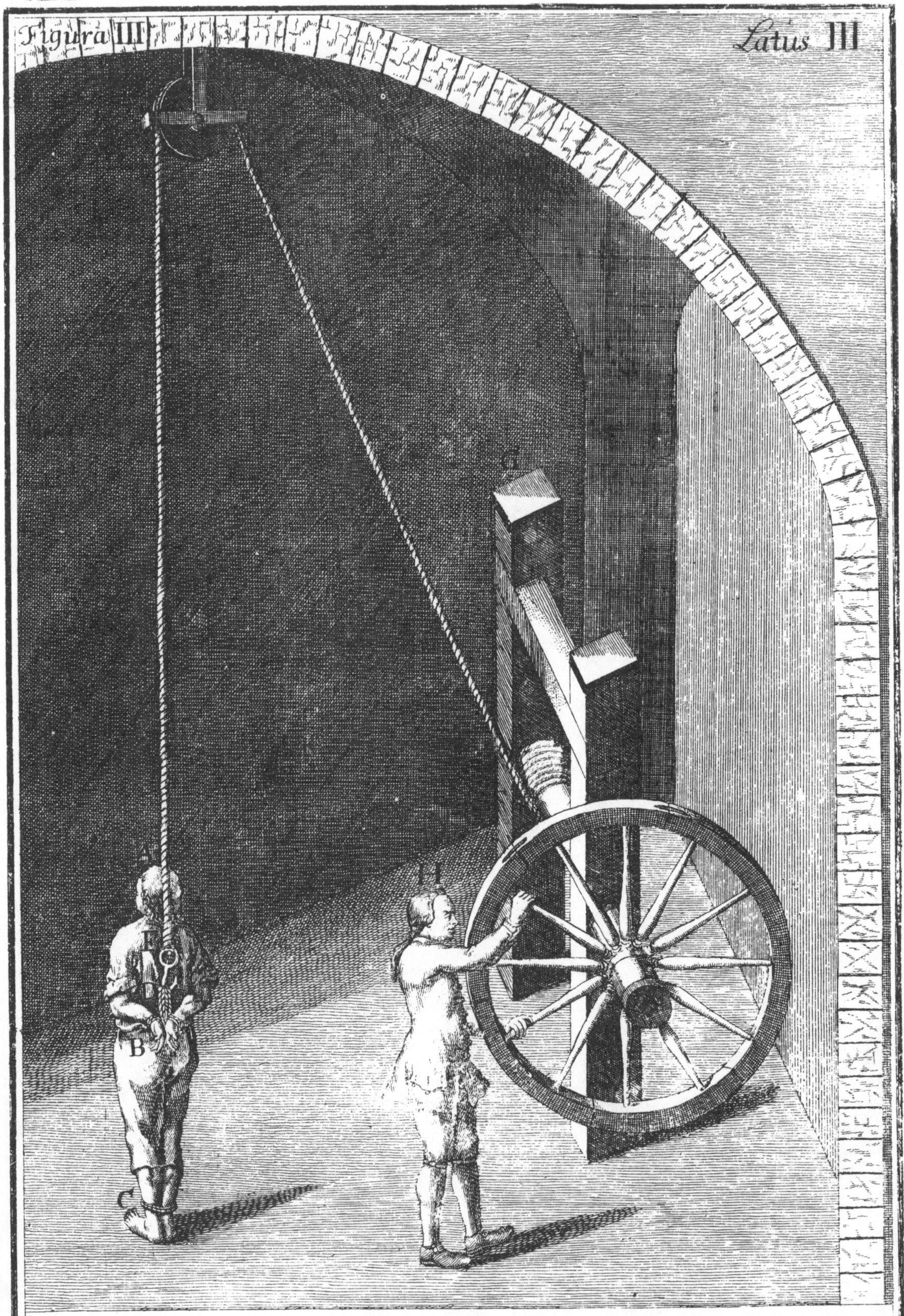

Vorstellung des zum aufziehen bereit stehenden Inquisiten.

Figura III. Latus III.

Erklärung der Buchstaben.

A. Der Inquisit.

B. Die ihme mit zweymaliger Umwicklung einer im Durchschnitt $\frac{1}{4}$ Zoll: dick-hanffenen Schnur mit den Oberflächen einwärts, und den Ballen auswärts am Rucken zusammengebundene Hände.

C. Die eben mit einer dergleichen Schnur, und doppelter Ueberwindung derselben zusammengebundene Füsse.

D. Der zwischen die Hände eingelegte Doppelglang.

E. Das in solchem Doppelglang mit dem Hacken eingehenkte Aufzugseil.

F. Das oben in Gewölb verfestigte metallene Zugradel, welches mit eisernen Schinnen eingeschlossen ist, damit das Seil nicht herausweichen könne.

G. Die Aufzugs-Machine.

H. Der zum Aufziehen das Rad ergreiffende Freymann.

Figura III. Latus IV.

Erklärung der Buchstaben.

A. Der das erstemal frey in der Luft hangende Inquisit ohne Gewicht.

B. Der zwischen die zusammen gebundene Füsse über den Bund eingelegte Doppelglang.

C. Das in sothanem Doppelglang bey dem zweymaligen Aufziehen einzuhenken kommende kleine Gewicht.

D. Das nach Abthuung erstbemeldten kleineren Gewichts in eben solchem Doppelglang bey dem drittmaligen Aufziehen einzuhenken kommende grössere Gewicht.

Vorstellung des bereits in der Luft aufgezogenen Inquisiten

Figura IV. Maßstab von 6. Wienner Zoll. Latus I.

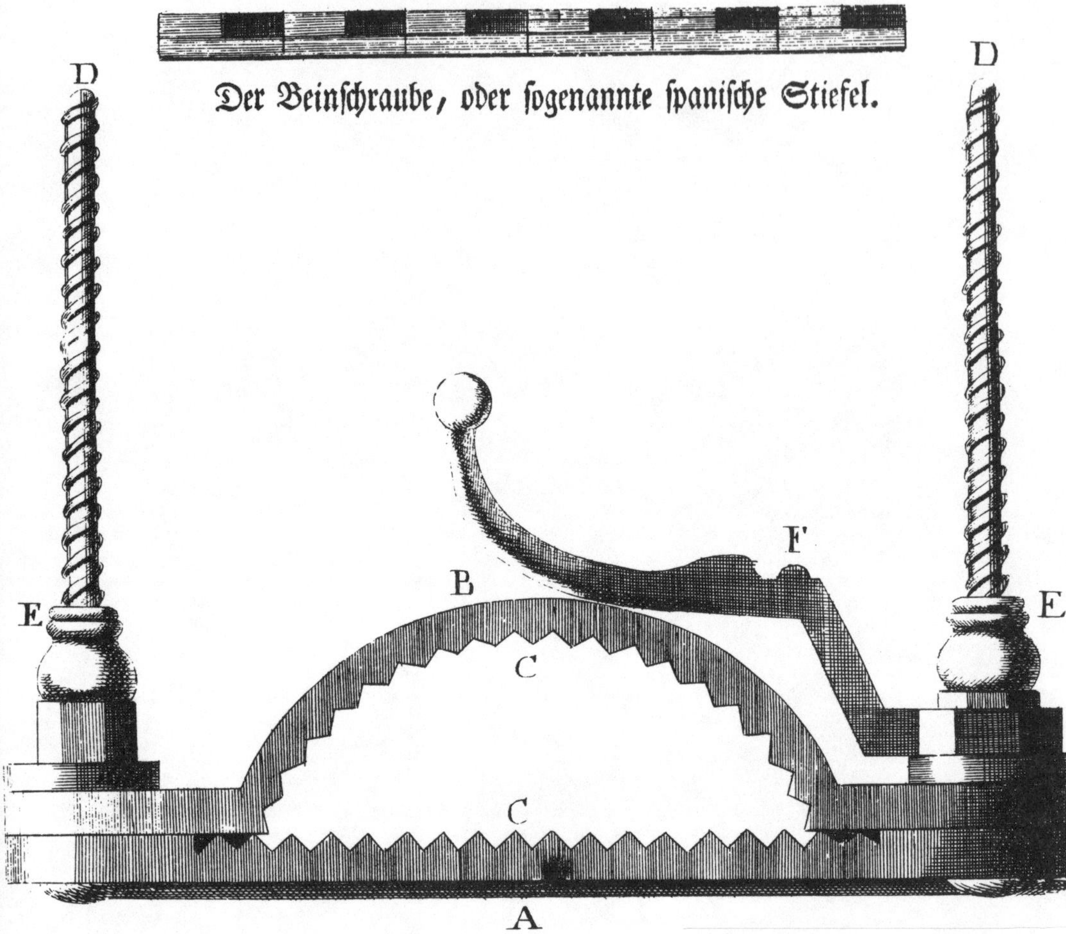

Erklärung der Buchstaben.

A. Das untere $8\frac{1}{2}$. Zoll lang- und $\frac{3}{8}$. Zoll dicke flache Eisen.

B. Das obere eben $8\frac{1}{2}$. Zoll lang- und $\frac{3}{8}$tel Zoll dicke Eisen, welches einen Bogen formiret, der in der Weite $4\frac{1}{4}$. Zoll, und der Höhe nach von dem unteren Eisen in der Mitte $1\frac{1}{2}$. Zoll ausmesset.

C Die in beyden Eisen einwendig $\frac{1}{8}$tel Zoll tief eingefeilte Zähne.

D. Die Schraubenspindeln.

E. Die Schraubenmütter.

F. Der Schraubenschlüssel, womit die Schraubenmütter an den Schraubenspindeln wechselweis angezogen werden, und andurch das obere Eisen immer mehr, und mehr gegen das untere herab gedrucket wird.

Figura IV. Latus II.

Maßstab von einem halben Wienner Schuh.

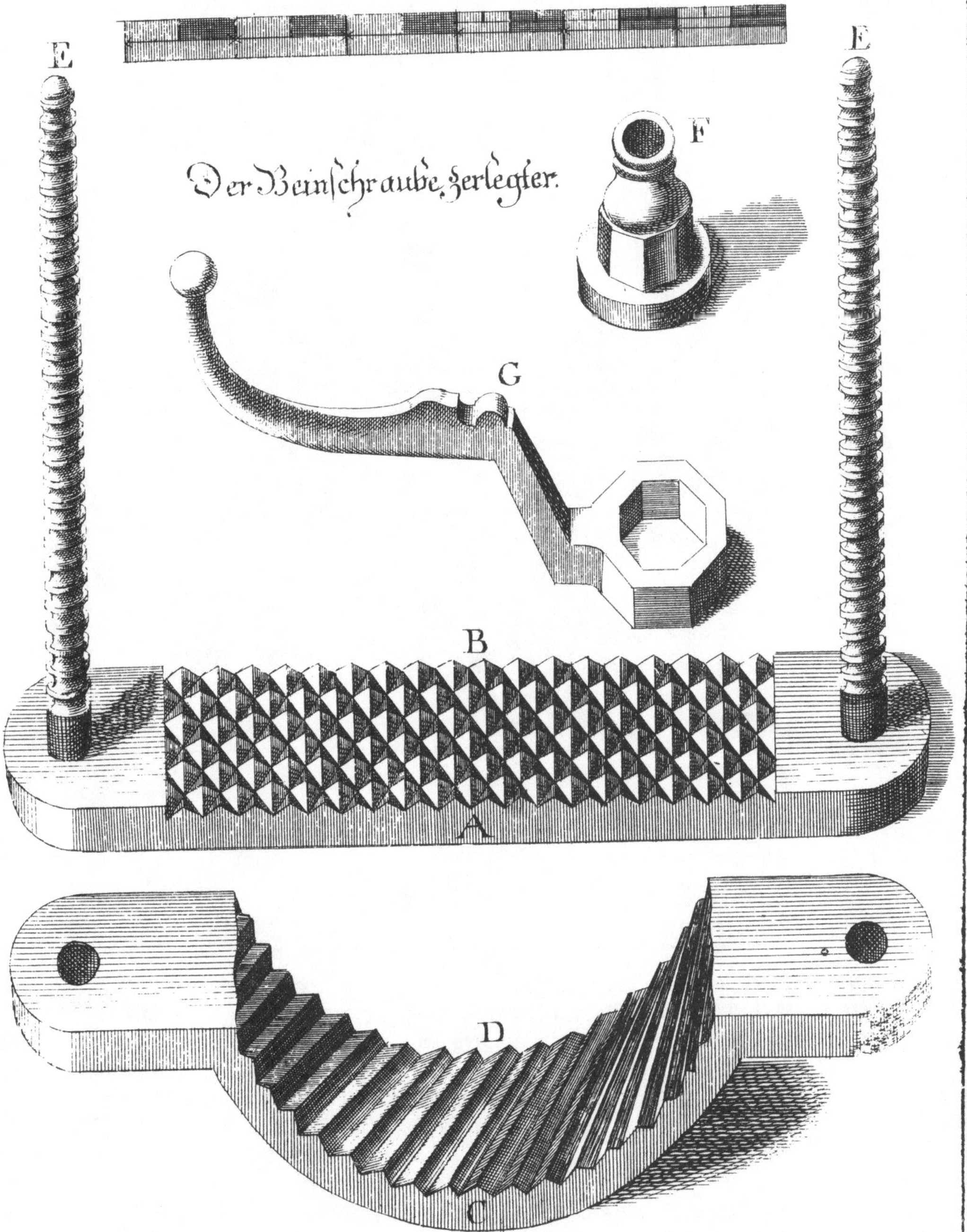

Erklärung der Buchstaben.

A. Das untere flache Eisen ihrer Breite nach $1\frac{1}{4}$. Zoll.
B. Die in solchem kreuzweis eingefeilte, in der Mitte in etwas zugespitzte Zähne.
C. Das gebogene obere eben $1\frac{1}{4}$. Zoll breite Eisen.
D. Die in solchem schrems über querch in etwas schneidig eingefeilte länglichte Zähne, oder Runzeln.
E. Die in dem unteren Eisen verfestigte Schraubenspindeln.
F. Die Schraubenmutter } beyde in ihrer wahren Grösse, und Wesenheit.
G. Der Schraubschlüssel }

Figura IV. Latus III.

Vorstellung der eigentlichen Anlegung des Beinschraubens, und der hierzu benöthigten Personen.

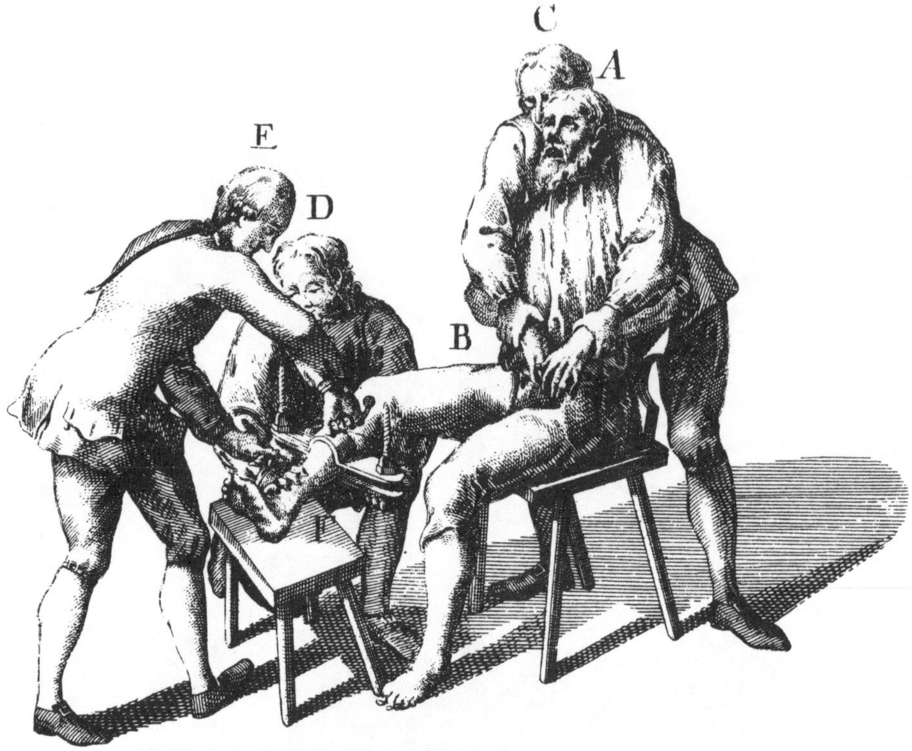

Erklärung der Buchstaben.

A. Der auf einem ordinari Lehnstuhl sitzende Inquisit.
B. Des Inquisitens auf einem etwas niedrigen Bankel, oder Schammel hindanngestreckter Fuß.
C. Ein Freymannsknecht, der Inquisiten von ruckwärts bey beyden Armen auf dem Stuhl niederhält.
D. Ein anderer Freymannsknecht, der mit der linken Hand Inquisitens Fuß auf dem Schammel nieder, und mit der anderen rechten jenseits des Freymanns den Beinschrauben hält.
E. Der Freymann, so mit der linken Hand den Beinschrauben haltet, und mit der Rechten mittelst des Schraubenschlüssels beyde Eisen wechselweis an den Schraubenspindeln immer mehr, und mehr zusammenziehet.
F. Der an den Fuß des Inquisiten dergestalten angelegte Beinschraube, daß das untere flache Eisen unten am Waden, und der Bogen von dem oberen Eisen über das Schinn- und Wadenbein zu liegen kommet.

Num. V^tus.

ad Articulum XL^mum. §. III.

Formularien.

Wie bey Verurtheil- oder Lossprechung der angeschuldigten Uebelthätern die Urtheile in verschiedenen Straff-Fällen kurzen Innhalts, und mit Deutlichkeit beyläuffig abzufassen seyen?

Innhalt.

§. 1. Urtheil auf die Feuerstraffe:

Der N. solle seiner begangenen Missethat halber zur wohlverdienten Straffe an die gewöhnliche Richtstatt geführet, alldorten mit dem Feuer vom Leben zum Tod hingerichtet, der Körper zu Staub, und Aschen verbrennet, und die Aschen (wenn ein fliessendes Wasser dabey ist) in den N. Fluß gestreuet (in Abgang eines fliessenden Wassers) in die Luft gestreuet werden.

Sententia ad pœnam vivicomburii.

Oder die N. solle ihrer begangenen Missethat halber durch das lebendige Feuer von der Erden vertilget, und die Aschen in die Luft (oder nach Gelegenheit des Orts) in ein fliessendes Wasser zerstreuet werden.

§. 2. Würde aber einem reumüthig- und bußfertigen Missethäter zu Verhütung all- besorglicher Kleinmüthigkeit, und Seelengefahr aus allerhöchst- Landesfürstlicher Gnade eine Linderung der lebendigen Feuerstraffe verliehen, so hat das Obergericht dem nachgesetzten Gerichtsstand den behörigen Unterricht: durch waserley

Quidsi Princeps vivicomburium per mortis accelerationem leniri indulserit?

ley Vorkehrungsmittel dem armen Sünder der Tod zu beförderen seye? in geheim, und wohlverständlich mitzugeben.

Sententia ad combustionem prævia decollatione,

§. 3. Urtheil auf Verbrennung des Körpers nach vorheriger Enthauptung, wenn e. g. bey der That milderende Umstände unterlauffen.

Der N. solle auf die gewöhnliche Richtstatt geführet, alldorten mit dem Schwerd vom Leben zum Tod gerichtet, alsdann der Körper auf den Scheitterhauffen geleget, durch das Feuer verzehret, und die Asche ꝛc. oder

Der N. solle ꝛc. ꝛc. hingerichtet, folgends der Körper mit demjenigen N. Viehe, mit welchem er gesündiget, verbrennet, und die Asche ꝛc.

aut prævio suspendio in furca supra rogum erecta.

§. 4. Urtheil auf Verbrennung des Körpers nach vorheriger Henkung, wenn dabey Diebstahl mit-unterlauffet, wo ein halber Galgen in dem Scheitterhauffen aufzurichten.

Der N. solle auf die gewöhnliche Richtstatt geführet, und alldort auf einem sonderbaren in dem Scheitterhauffen aufgerichteten Galgen durch den Strang vom Leben zum Tod gerichtet, alsdann der Körper zu Staub, und Aschen verbrennet, und die Asche in den vorbeyfliessenden N. Strom geworffen, und vertilget werden.

Sententia ad dissectionem in 4. partes.

§. 5. Urtheil auf Viertheilen allein.

Der N. solle auf die gewöhnliche Richtstatt geführet, alldorten durch seinen ganzen Leib in vier Theile zerschnitten, und zerhauen, und also zum Tod gestraffet, folgends jedes Theil an einem absonderlichen Galgen, an den vier Hauptstrassen zum Abscheu aufgehenket, und der Kopf aufgestecket werden; oder bewandten Umständen nach dem N. solle der Kopf abgeschlagen, der Leib geviertheilet, und die 4. Theile auf 4. Strassen ausgestecket werden.

Quæ ipsa dissectionis pœna nonnunquam exacerbatur.

§. 6. Urtheil auf Viertheilen mit Verschärffung, wenn die Umstände des Verbrechens sehr groß, zum Beyspiel ein Hochverrath, und sonderlich wider die Mörder der schwangeren Weiber.

Der N. solle auf die gewöhnliche Richtstatt geführet, ihme alldorten anfangs wegen der begangenen unbarmherzigen That sein lebendiges Herz herausgenommen, um das Maul geschlagen, sodann der Leib in 4. Theile zerschnitten, und die 4. Theile an 4. Strassen, absonderlich aber das Haupt, Herz, und rechte Hand zusammen männiglich zum Abscheu aufgehenkt, und aufgestecket werden.

Sententia ad contusionem membrorum per rotam, aut sursum incipiendo a crurifragio,

§. 7. Urtheil auf Radbrechen von unten hinauf, so das schwereste.

Der N. solle auf die gewöhnliche Richtstatt geführet, ihme alldorten seine Glieder durch den ganzen Leib von unten auf mit dem Rad abgestossen, und also vom Leben zum Tod hingerichtet, folgends der tode Körper in das Rad geflochten werden.

Aut deorsum incipiendo a confractione gutturis.

§. 8. Urtheil auf Radbrechen von oben herab, welches linder.

Der N. solle auf die gewöhnliche Richtstatt geführet, und alldorten mit dem Rad von oben herab, anfangs der Hals, hernach das Herz, nachmalen alle Gliedmassen abgestossen, und also vom Leben zum Tod hingerichtet, folgends der tode Körper in das Rad geflochten werden.

Augmentum demonstrationis publicæ, si rotæ reus simul furta commiserit.

§. 9. Zu merken ist, wenn der Uebelthäter zugleich Diebstahl begangen, daß man einen kleinen Galgen auf das Rad zu machen verordnet, worüber beyläuffig das Urtheil erfolget.

Der N. solle auf die gewöhnliche Richtstatt geführet, daselbst mit dem Rad von oben herab zum Tod hingerichtet, sodann dessen Körper auf ein Rad geflochten, und darüber ein Galgen mit herabhangenden Strang aufgerichtet werden.

Sententia ad pœnam patibuli;

§. 10. Urtheil zum Galgen.

Der N. solle zu dem gewöhnlichen Hochgericht geführet, und alldorten mit dem Strang (allenfalls mit Anheftung der Ketten) vom Leben zum Tod hingerichtet werden.

...... ad pœnam gladii.

§. 11. Urtheil zur Schwerdstraffe.

Der N. solle auf die gewöhnliche Richtstatt geführet, und alldorten mit dem Schwerd vom Leben zum Tod hingerichtet werden.

§. 12.

§. 12. Wenn die Verbrechen sehr groß, mit grausamen Umständen begleitet, oder deren etliche zusammen kommen, kann die Todesstraffe nach richterlicher Ermässigung mit nachfolgenden Peinen einzeln, oder mit mehreren zugleich verschärffet werden. Exasperationes suppliciorum mortis.

§. 13. Verschärffung mit glüenden Zangenriß, Riemenschneidung, und Ausschleiffung. Per adustionem forcipibus candentibus, lororum ex corpore excissionem, & impositionem tabulæ cumulatim;

Der N. solle wegen seiner grausamen, erschrecklichen Thaten auf einen hohen (oder Leiter-) Wagen gesetzet, darauf in der Stadt herumgeführet, und zwar anfangs an dem ersten Ort ihme ein Zwick mit glüenden Zangen in die rechte Brust gegeben, alsdann an einem andern Ort (NB. das Ort jederzeit zu benennen) ein Riem auf der linken Seiten aus dem Rucken geschnitten, an dem dritten Ort wiederum ein Zwick an die linke Brust gegeben, letztlichen am vierten Ort abermal ein Rieme auf der rechten Seiten aus dem Rucken geschnitten, hernach auf ein Brett geleget, aus der Stadt bis zur Richtstatt geschleiffet, und alldorten die rechte Hand samt dem Kopf abgeschlagen, und sodann der Körper in das Rad geflochten werden. NB. Dieses ist zu verstehen, wann es ein Mann, wäre es aber ein Weibsbild, sollen sodann beyde Theile, als der Kopf, und die Hand auf ein Rad nahe bey der Strassen aufgestecket, der tode Körper aber unter die Richtstatt begraben werden.

§. 14. Der N. solle auf einen hohen Wagen gesetzet, und in Vorbeyführung vor dem N. von ihme beraubten Gotteshaus mit einer glüenden Zange an der Brust einmal gezwicket, sodann zu der gewöhnlichen Richtstatt geführet, alldorten mit dem Feuer vom Leben ꝛc. Vel per unam solam exasperationis speciem;

§. 15. Verschärffung auf Schleiffen, und Zungenausreissung. Vel per raptationem ad supplicium, & linguæ ex faucibus extractionem;

Der N. solle von Pferden zur Richtstatt geschleiffet, und ihme alldorten anfangs die Zunge aus dem Rachen gerissen, folgends er mit dem Feuer vom Leben zum Tod hingerichtet werden.

§. 16. Auf Ausreissung der Brüste. Vel mammarum evulsionem.

Die N. solle auf die gewöhnliche Richtstatt geführet, ihr beyde Brüste mit glüenden Zangen herausgerissen, und sie folgends mit dem Schwerd vom Leben zum Tod hingerichtet werden.

§. 17. Verschärffung der Räderungsstraffe. Exacerbatio pœnæ rotæ per præviam ustulationem.

Der N. solle auf den hohen Wagen gesetzet, nach diesem an dem Ort N. mit einer glüenden Zange an der rechten Brust gezwicket, folgends an die gewöhnliche Richtstatt geführet, daselbst mit dem Rad von oben herab zum Tod hingerichtet, der Körper auf das Rad geflochten, und darüber ein Galgen mit abhangenden Strang aufgerichtet werden.

§. 18. Der N. solle an die gewöhnliche Richtstatt geführet, und allda mit dem Schwerd vom Leben zum Tod hingerichtet, sodann der Körper auf das Rad geleget, der Kopf auf den Pfahl gestecket, und darüber ein Galgen mit abhangenden Strick aufgerichtet werden. Exasperatio pœnæ gladii, truncum corporis, & caput rotæ imponendo;

Item: Die N. solle an die gewöhnliche Richtstatt geführet, daselbst mit dem Schwerd vom Leben zum Tod hingerichtet, der Kopf auf einen Pfahl gestecket, der Leib aber darunter eingescharret werden. Vel caput palo,

Die N. solle ꝛc. geführet, allda mit dem Schwerd vom Leben zum Tod hingerichtet, ihr auch zugleich die rechte Hand abgeschlagen, sodann der Kopf, und Hand auf das Rad gestecket werden. Aut caput, manúmque rotæ infigendo,

Der N. solle ꝛc. und allda mit dem Schwerd vom Leben zum Tod hingerichtet, zugleich auch ihme die rechte Hand abgeschlagen, und sodann die abgeschlagene Hand an einen Pfahl geheftet werden. Vel manum amputatam numellis appendendo.

§. 19. Auch in mehrere Wege können die Straffen zu Erweckung mehreren Abscheues bewandten Umständen nach, soviel es thunlich, gegen tode Körper der Missethätern vorgenommen werden, zum Beyspiel: des im Kerker sich entleibten N. sein toder Leichnam solle in diesem grossen abscheulichen Laster andern zu mehrerem Sententia contra defuncti delinquentis cadaver.

Schrecken durch den Scharfrichter auf einem gemeinen Wagen zum Scheitterhauffen geführet, und allda samt dem N. Viehe, mit dem er gesündiget, verbrennt, dessen Staub, und Asche auch in den Fluß gestreuet werden. Oder

Der tode Körper des N. solle auf den Schinderkarn geleget, zu dem gewöhnlichen Hochgericht ausgeführet, und unter demselben eingegraben werden.

Sententia contra fugitivum, ut fiat executio in effigie.

§. 20. In welchen Fällen entgegen abwesende Uebelthäter mit Schöpf- und Vollstreckung eines Endurtheils fürzugehen seye? ist des mehreren Art. 48. erkläret worden, indessen wird hier unter andern ein so beschaffenes Urtheil beygefüget.

Der N. solle zuförderist aller seiner Aemter, und Ehren entsetzet, fur ehrlos erkläret, sodann das wider ihne zum Strang gefaßte Urtheil üblichermassen öffentlich abgekündet, und dieses Urtheil bey seiner dermaligen Abwesenheit, bis er betretten wird, in dessen Bildniß vollzogen, somit derselbe auf solche Weise an die gewöhnliche Richtstatt ausgeführet, und in dieser seiner Gestalt an einem allda aufrichtend- drey Tage lang stehen verbleibenden Schnellgalgen aufgehangen, folgsam sothanes Urtheil mit kurzgefaßter Anführung seiner so vielen, und schweren Verbrechen durch die gewöhnliche Zeitung mit angehenkt- ausführlicher Beschreibung seiner Person, um auch die Auswärtigen von diesem Betrüger zu warnen, allenfalls selben auf Betretten gefänglich einziehen, und es anhero einberichten zu können, kund gemacht werden.

Sententia ad fustigationem cum relegatione, stigmate, & urpheda.

§. 21. Urtheil auf Ruthenaushauen, nebst Landesverweisung, Brandmarch- und Urphedabnehmung.

Der N. solle an die Richtstatt geführet, ihme alldorten durch den Freymann ein ganzer (oder halber) Schilling abgestrichen, sodann nebst Einschröpfung des gewöhnlichen Straffzeichens, und gegen Hinterlassung der Urphed sowohl des Landes N. als aller übrigen deutschen Erblanden, dann des Hoflagers, wo immer selbes sich befinden wird, auf ewig verwiesen werden.

Oder: Die N. solle zu wohlverdienter Straffe mit einem ganzen Schilling durch den Freymann öffentlich ausgestrichen ꝛc. ꝛc.

Oder: Der N. solle seiner wiederholt ausgeübten Diebstähle halber an den Pranger gestellet, ihme alldorten durch den Freymann ein ganzer Schilling ꝛc.

Ad fortalitium cum, vel sine relegatione.

§. 22. Verschaffung in eine Gränitzvestung mit- oder ohne Landesverweisung.

Der N. solle nach vorläuffig hinterlassener Urphed, und Einschröpfung des gewöhnlichen Brandmahls, auch Ersetzung der Gerichts- und Aetzungsunkosten in ein hungarisches Gränitzhaus verschaffet, allda durch acht Jahr in Band, und Eisen zur öffentlichen Arbeit angehalten, beynebens des ganzen Landes N. wie auch der deutschen Erb- Königreichen, und Landen ꝛc. verwiesen werden.

Der N. solle dieses seines Verbrechens halber in die Vestung N. verschaffet, und allda durch 10. Jahre in Band, und Eisen zur Schanzarbeit angehalten werden.

Ad operas dominicales cum, vel sine relegatione.

§. 23. Verurtheilung zur öffentlichen Herrschaftsarbeit mit- oder ohne Halsgerichts- oder Landesverweisung.

Die N. solle durch ein Jahr mit Anschlagung eines Eisens zur öffentlichen Herrschaftsarbeit angehalten, sodann gegen Ersetzung der Malefizunkosten von dem Halsgericht abgeschaffet, oder gegen Hinterlassung der Urphed des Halsgerichts (Stadt oder Markts) auf ewig verwiesen, oder sodann gegen Ersetzung der Gerichtskosten des Arrestes entlassen werden.

Ad confinationem, seu deportationem ad certum locum.

§. 24. Das Urtheil auf Confinir- oder Verweisung in ein gewisses Land, Vestung, oder Bezirk zur daselbstigen Niederlaß- oder Ansiedlung gehet wesentlichen Innhalts dahin: daß ein solcher Straff-fälliger allein, oder mit Weib, und Kindern an ein gewisses Ort unter sicherer Verwahrung abgeliefert, und dortorts um seine Nahrung selbst zu suchen auf freyen Fuß gesetzet, jedoch vorhero von ihme mittelst eines abgebend- bündigen Halsgerichtsreverses, daß er von dar Zeitlebens nicht abweichen wolle, angelobet werden solle. Wobey zu merken, daß die Bestimmung des Confinirungsbezirks, oder Aufenthaltungsorts allemal von höchst- Landesfürstlicher Entschliessung abhange. Dann, daß vorbemeldte Angelobung wegen nicht Austrettung aus der angewiesenen Wohnstatt (wenn nicht deren eydliche Betheurung von höheren, oder höchsten Ort ausdrücklich anbefohlen wird) gemeiniglich ohne Abnehmung eines körperlichen Eydes zu beschehen habe; wie oben Art. 46. von Urpheden das mehrere geordnet worden.

§. 25. Urtheil auf Gefängnißstraffe bey schmaler Aetzung, und mit monatlicher Züchtigung.

Ad continuationem arresti, cum aliquo pœnæ augmento.

Der N. solle über den bereits ausgestandenen Arrest, annoch durch 6. Monat lang in Band, und Eisen bey geringer Aetzung gefänglich angehalten, anbey alle Monat einmal mit 15. Ochsensenn- oder Karbatschstreichen wohl empfindlich durch den Gerichtsdiener gezüchtiget, sodann des Arrestes entlassen werden.

§. 26. Erkanntnuß auf eine ungemessene Zeit.

Condemnatio sine præfinitione temporis.

Die N. solle in das Zuchthaus verschaffet, allda zu einer ihren Kräften gemässen Arbeit verhalten, sohin von halb zu halb Jahren ihrer Aufführung halber der Bericht an das Obergericht (ist allemal zu benennen: als an die Königl. Böhmische Appellation, N. O. Regierung ꝛc. ꝛc.) erstattet werden.

Der N. solle derzeit in das N. Spital verschaffet, allda auf ihn fleißig Obsicht getragen, demselben nicht nur die erforderliche Arzneymittel gebrauchet, sondern auch eifrige Geistliche, welche ihn zu einem besseren Lebenswandel anleiten, zugegeben, folgends dessen Zustand, Verhalt, und Aufführung längstens von 6. zu 6. Wochen an das Halsgericht, und von dortaus an das Obergericht zu weiterer Vorkehrung einberichtet werden.

§. 27. Beyurtheil auf bedrohliche scharffe Frage.

Sententia interlocutoria ad territionem.

Der N. solle mit dem Freymann bedrohet, ihme solcher vorgestellet, hinnach derselbe in die gewöhnliche Martergruben (Reckort) geführet, und mittelst Vorzeigung des peinlichen Werkzeuges über kurze zur Sache dienliche Fragstücke zur Bekanntniß der Wahrheit angehalten werden; woruber das mehrere oben Art. 38. §. 9. nachzusehen.

§. 28. Beyurtheil auf die wirkliche scharffe Frage.

Ad torturam.

Die N. solle zur scharffen Frage gezogen, **ihr anfänglich der Freymann bedrohet, derselbe vorgestellet, hierauf von ihme ergriffen, an das gewöhnliche Marterort geführet, ihr allda der gewöhnliche Werkzeug vorgewiesen**, sodann, (hier folgen die gewöhnliche Grade der scharffen Frage) und bey jedweden Absatz der Tortur über kurze zur Sache dienliche Fragstücke zur Bekanntniß der Wahrheit angehalten werden. Wobey anzumerken, daß dasjenige, was in den mit grösseren Buchstaben bemerkten Worten enthalten ist, wenn es auch in dem Urtheil nicht ausgedrucket wäre, allemal als eine Vorbereitung zur wirklichen Tortur vorzunehmen seye: wie ein solches bereits oben Art. 38. §. 15. behörig geordnet worden. Oder

Der N. solle an die strenge Frage geleget, durch alle Grade der Tortur gepeiniget, bey jedem Absatz aber über kurze zur Sache dienliche Fragstücke zur Bekanntniß der Wahrheit angehalten werden. Wo zu merken, daß durch diesen Ausdruck alle Torturs grade, und Absätze verstanden sind, welche jedoch in dem Urtheil namentlich von Grad zu Grad benennet werden können; und jenen Falls, wo man sich auf die Geschicklichkeit des nachgesetzten Halsgerichts nicht allerdings zu verlassen hat, gar vorsichtig von Grad zu Grad ausgedrucket werden sollen.

§. 29. Endurtheil nach der strengen Frage, wenn der Inquisit in der Pein gestanden.

Definitiva, si inquisitus in tortura fassus est;

Spricht ꝛc. über das wider den Delinquenten auf die scharffe Frage geschöpfte Beyurtheil, und von selbem in der peinlichen Frage abgelegt- auch bestättigte Bekanntniß zu Endurtheil. NB. Hierauf folget die behörige Verurtheilung.

§. 30. Endurtheil, wenn er in der Tortur geläugnet hat.

Si torturam negativè pertulit.

Spricht ꝛc. über das wider den Inquisiten auf die peinliche Frage ausgefallene Beyurtheil, und von ihme negativè (oder unter beständigem Widerspruch der ihme zugemutheten Missethat) ausgestandene Tortur ferners zu Urtheil, und Recht:

 Der

Der N. habe sich durch die ausgestandene Tortur von dem ihme zu Last gefallenen N. Verbrechen genugsam gereiniget; werde demnach gegen Ersetzung der Gerichtsunkosten von aller Straffe hiemit losgesprochen.

Sententiæ absolutoriæ

§. 31. Wenn der Angeschuldigte los, und ledig zu sprechen kommet, ist auch der Innhalt des Urtheils auf dessen Unschuld schicksam einzurichten: anerwogen solchen Falls in Rucksicht auf den endlichen der Sache Ausschlag weder Uebelthat, weder Uebelthäter vorhanden ist. Es kann also der Ausdruck in dem Urtheil nicht wohl anderst beschehen, als: daß in der vorgenommenen Untersuchung, oder Inquisitionssache der in Verdacht gekommene N. oder Inquisit von dem ihme zu Last gelegten N. Verbrechen losgezehlet werde.

Hiebey ist, wie oben Art. 39. §. 3. verſ. 6. gemeldet, der Unkosten, Schmach, und Schaden (wenn der Kläger darein zu verurtheilen) nicht zu vergessen; es kann auch ein- oder dem anderen Theil nach Gestalt der Sachen die Civil-Klage vorbehalten werden.

à crimine.

§. 32. Die Erkanntnuß beschiehet entweder auf gänzliche Losſprechung von der Uebelthat selbst, wenn der Inquisit wahrhaft unschuldig befunden, oder wenigstens die ihme zu Last gegangene Anzeigungen genugsam entkräftet worden, beyläuffig wie folget:

Der N. habe seine Unschuld, wie sich zu Recht gebühret, genugsam ausgeführet, seye demnach von aller peinlichen Straffe ledig, und müssig.

Der N. seye von der ihme zugemutheten Mitgespannschaft, und Theilhabung an dem N. Verbrechen hiemit losgesprochen, folgsam des Arrestes alsogleich zu entledigen.

Der N. seye von aller Straffe ledig, und müssig, jedoch solle derselbe (ein Tollsinniger) damit er künftig sich selbst, oder einem andern keinen Schaden zufügen möge, der Grundobrigkeit zur behörigen Obsorg, und Verwahrung übergeben werden.

ab instantia.

§. 33. Oder es folget nur eine mitlerweilige Loslassung von der dermaligen halsgerichtlichen Verfahrung, wenn zu Verurtheilung des Inquisiten zur Zeit kein genugsam- rechtlicher Beweis vorhanden, jedannoch aber ziemliche Anzeigen, und Verdacht, so nicht abgeleinet werden können, gegen denselben zurückbleiben. Zum Beyspiel:

Der N. seye von der wider ihne verhängten Inquisition hiemit ledig gesprochen, und solle demnach gegen Ersetzung der aufgeloffenen Gerichtskosten des Arrestes hinwiederum entlassen werden; oder nur blatterdings

Der N. solle gegen Ersetzung der Halsgerichtsunkosten des Arrestes entlassen werden.

Der N. seye derzeit auf freyen Fuß zu setzen, jedoch schuldig auf allemalige Erforderung unweigerlich dieser Sache halber sich vor Gericht zu stellen.

Der N. solle dermalen, bis allenfalls wider ihne mehrere Anzeigungen vorkommen, von der angestrengten Untersuchung verschonet werden.

Folgen die Namen

deren aus der löblichen kaiserl. königl. böheimischen, und österreichischen Hofkanzley, dann aus der löblichen kaiserl. königl. obersten Justiz-Stelle erkiesenen Hofräthen, welche der zu Berathschlag- und Ausarbeitung dieser allgemein-peinlichen Gerichtsordnung allerhöchst angestellten Hof-Commission beygesessen.

PRÆSES.

Der hoch- und wohlgebohrne Herr Michael Johann des H. R. Reichs Graf v. Althann, Freyherr zu Goldburg, und Muhrstätten, Herr der Herrschaft, und Insel Muraköс im Königreich Hungarn, wie auch der Fideicommiss-Herrschaft Swoyschitz im Königreich Böheim, Grand von Spanien der ersten Class, Ritter des goldenen Vliesses, Ihro kaiserl. königl. apostol. Majestät wirklich geheimer Rath, Kammerer, und dero obersten Justiz-Stelle Vice-Præsident, des H. R. Reichs Erbschenk, und des Czaladienser Comitats Obergespann in dem Königreich Hungarn, als Præses der pro Compilatione Codicis Theresiani allerhöchst angeordneten Hof-Commission.

Beysitzere.

Der hoch- und wohlgebohrne Herr Anton Casimir des H. R. Reichs Graf v. Hartig, Herr auf Schrattenthal, und Raigersdorf, Ihro kaiserl. königl. apostol. Majestät wirklich geheimer Rath, und Assessor bey der obersten Justiz-Stelle.

Herr Hermann Lorenz Freyherr v. Kannegiesser, Herr auf Dalleschitz, Slawetitz, und Strajowitz, beyder k. k. Majestäten wirklicher Hofrath, und geheimer Referendarius bey der k. k. böheimisch-österreichischen Hofkanzley, nunmehro seelig.

Herr

Herr Karl Joseph Cetto v. Kronstorf, Ihro k. k. apostol. Majestät wirklicher Hofrath, und geheimer Referendarius bey der k. k. böheimisch-österreichischen Hofkanzley, nunmehro seelig.

Herr Johann Georg v. Müllensdorf, Ihro k. k. apostol. Majestät wirklicher Hofrath bey der obersten Justiz-Stelle.

Herr Johann Georg Haan, Ihro k. k. apost. Majestät wirklicher Hofrath bey der obersten Justiz-Stelle, nunmehro seelig.

Herr Johann Leonhard v. Pelser, Ihro k. k. apostol. Majestät wirklicher Hofrath bey der obersten Justiz-Stelle.

Herr Johann Bernhard v. Zenker, Ihro k. k. apostol. Majestät wirklicher Hofrath, und geheimer Referendarius bey der böheimisch-österreichischen Hofkanzley.

Herr Johann Franz Bourguignon v. Baumberg, Ihro k. k. apostol. Majestät wirklicher Hofrath bey der obersten Justiz-Stelle, dann Præses, und Director des Studii juridici bey der Wiennerischen Universität.

Herr Joseph Ferdinand Holger im Jahr 1752. gewester Rector Universitatis Viennensis, Ihro k. k. apostol. Majestät wirklicher Hofrath bey der obersten Justiz-Stelle, Ref. und Compilator.

Herr Ferdinand Maria von, und zu Goldegg, und Lindenburg, Ihro k. k. apostol. Majestät wirklicher Hofrath bey der obersten Justiz-Stelle.

Herr Franz Anton v. Nell, Edler v. Nellenberg, und Damenacher, Ihro k. k. apostol. Majestät wirklicher Hofrath bey der obersten Justiz-Stelle.

Herr Anton Edler v. Curti, Ihro k. k. apostol. Majestät wirklicher Hofrath, und geheimer Referendarius bey der böheimisch-österreichischen Hofkanzley.